底層網紅

時尚、金錢、性、暴力……社群慾望建構的最強龐氏騙局！

希米恩・布朗——著
Symeon Brown

盧思綸、王婉卉——譯

Get Rich or Lie Trying

目・次

前言

放手一搏的野心

二〇〇三年，五角（50 Cent）發行處女作《要錢不要命》（Get Rich or Die Tryin'），當時我還是十四歲的中學生，班上早熟的同學大推專輯超熱賣，更四處宣揚這位饒舌歌手的不死傳奇——「你知道他被開了九槍還沒死嗎？」這段「九死一生」的經歷成了專輯賣點，五角一夕之間從街頭混混成了幫派饒舌的防彈天王。我和朋友一下就被打動了，不只我們，一堆人都很吃這套。當時《要錢不要命》首週就賣出八十七萬兩千張，截至當年底全球銷量達一千兩百萬張，風光登上全美年度最暢銷專輯寶座。

1 五角本名寇帝斯．傑克森（Curtis Jackson），過去是出身美國紐約皇后區的窮黑人，如今靠著大眾津津樂道的故事打響名號，從此身價水漲船高，不再是幾分幾毛的窮小子。

說真的，沒什麼比鹹魚翻身和白手起家更吸引人的故事。沒人不愛魯蛇，因為多數人都看到自己的影子，深信自己也是不被看好的那個，而不同世代對弱者的憧憬也有所不同。對虔誠的祖母而言，聖經中名為大衛的牧羊少年打敗巨人歌利亞是以小搏大的不敗經典；但對我來說，洗心革面的江湖浪子努力創作嘻哈金曲才正合味口。

我靠打工送報的微薄零用錢買了一張《要錢不要命》，當時嘻哈逐漸取代搖滾成為美國流行樂，世界各國也紛紛趕上潮流。二十四小時音樂頻道 MTV Base 的音樂錄影帶裡，類似五角的饒舌歌手各個穿金戴銀、大方炫富，背後場景則是歌手出身的破敗社區。在嘻哈商業化的時代，賣命掙錢、逞兇鬥狠和街頭音樂就是鹹魚翻身的不二法門。沒錢比死還可怕，要嘛就發大財，要嘛就死路一條。生在不公平的環境，腦筋動得快才能活下去。

回顧饒舌歌手醬爆弟弟（Soulja Boy）的成名史：二〇〇五年，他還只是十五歲的狄安卓．柯特茲．韋伊（DeAndre Cortez Way），沒有像五角一樣引人入勝的傳奇賣點、沒有唱片約、沒有公關公司，更沒有圈內大咖相挺。不過沒差，他有檔案共享軟體 LimeWire。LimeWire 流行於千禧世代，

---

1 https://thesource.com/2017/02/06/50-cent-releases-get-rich-or-die-tryin-14-years-ago/

許多人靠著這款應用程式非法上傳和下載版權作品。當時韋伊想到用五角的歌曲為自己的歌檔命名，如此一來，五角的粉絲就會下載到醬爆弟弟的音樂。[2]這個伎倆果然為他博得關注，不過醬爆弟弟不只這點手段。

早在社群媒體蔚為潮流以前，韋伊就懂得串連不同平台的帳號，在 MySpace 嵌入當時的新興平台 YouTube（以下簡稱 YT），並利用熱門歌名誤導使用者點閱自己的影片，進而收穫上百萬觀看次數。二〇〇七年，韋伊以自創曲〈就醬跳〉（Crank That）搭配吸睛舞蹈在網路上迅速竄紅，據說光是這張單曲就為他賺進七百萬美元（約台幣二・一億元）。[3]無論是僥倖抑或是精心安排，醬爆弟弟無疑創造出了一條爆紅方程式，直到現在仍有許多藝人、企業和社群網紅按圖索驥製造聲量。二〇一〇年，醬爆弟弟登上嘻哈雜誌《Vibe》首期數位版封面，更被評論是「擁有大批網軍的千禧世代狠角色」，借用別人的歌名為自己的作品吸引人氣。[4]過去，「要錢不要命」是毒販洗白成饒舌歌手的金科玉律；如今，二十一世紀的生存之道則是「殺出錢途」，否則就只能「躺平等死」。此時此刻就有上百萬人把醬爆弟弟當教科書，試著突破重圍攫取社群關注來打造粉絲王國。

如今上百萬人靠著社群媒體的追蹤數謀生，而這本書正是集結長年調查的心血，從實況主、行銷人、科技新創、性工作者、直運賣家和詐欺犯的視角，深入窺探網紅界不為人知的秘辛。我在訪問中見證致富野心不慎淪為線上詐騙，剝削、妄想與欺瞞的背後則是迫於無奈的生存本能，至於社群媒體反倒成了晚期資本主義的榨財現場。挖得越深越是怵目驚心——這個美麗新世界和你我身處的真實世界如出一轍。

名利場大不易

我生長於英國大倫敦區（Greater London）北部的托登罕（Tottenham），位在倫敦市中心到赫福郡（Hertfordshire）的近郊間。這裡聚集大量非裔移民族群，包括加勒比人、迦納人與土耳其裔賽普勒斯人。至於地方特色大概是當時表現差強人意的熱刺足球俱樂部（Hotspur）。自打我有記憶以來，我的家鄉一直背負著臭名。一九八五年，托登罕爆發反警暴動，起因是警方突擊一名牙買加裔婦女

---

2 https://twitter.com/AllThatandMoore/status/1009432296703840258 及 https://www.complex.com/music/2019/01/i-think-i-got-souljascammed

3 https://www.youtube.com/watch?v=Kp5A_1UAJog

4 https://www.forbes.com/sites/brianpetchers/2014/08/13/soulja-boys-blueprint-to-success-and-the-next-chapter/?sh=1c07f6a73b73

住家，導致她心臟病發死亡。這起事件引起當地非裔族群不滿，最終釀成大規模警民衝突，造成一名警察殉職。此後托登罕居民與當局的關係便日益惡化。

回顧二〇〇三年的托登罕，許多社區不須後製就能融入以皇后區為場景的饒舌音樂錄影帶。美式嘻哈的街頭風穿搭在地方蔚為潮流，我和朋友都穿街頭服飾 FUBU 的上衣、下身搭 Akademiks 的垮牛仔褲，鞋子穿 Timberland 靴子才潮，至於 New Era 棒球帽則是制服日的必備單品。當地的艾爾沃德中學（Aylward School）學生幾乎都是二代移民，或像我一樣的第三代，不然就是少數藍領白人的子女，這些人最後也都慢慢搬到倫敦市中心附近。這間學校招收的多半是清寒學生，不少人窮到夠格吃免費學餐。

我還記得班導師的形容——艾爾沃德是有著市區問題的鄉下學校，就連教職員也來來去去待不住。我通過普通中等教育證書（General Certificate of Secondary Education）考試那年，同屆有七十五%的人五項科目拿不到及格標準 A*–C，所以也沒辦法繼續接受擴充教育（Further Education）。[5] 對一票生活在社會底層的中學生來說，有自己影子的街頭混混一朝成了大人物，這樣「勵志」的故事自然令人心嚮往之。

於大眾眼中，嘻哈音樂充斥低俗的女性形象，甚至毫不避諱地描寫種種暴行，恐怕讓英美中產階級相當感冒。可是說到底，這些身穿無袖背心、垮牛仔褲的少年和華爾街上西裝筆挺的老白男並無二致，少年不過是把老白男數十年來吹捧的價值唱出來罷了。他們同樣喜愛浮誇、冷酷的形象，不僅崇尚個人主義，且行事不按牌理出牌，終日追求白手起家、出人頭地的一天。這套價值是美國外銷世界最成功的商品，影響範圍遍及世界各地。而身處大西洋彼岸的我和我朋友，恰恰生在逃不掉這股時代浪潮的世代。

在英國，我們是上個千禧年最後一批進入中學的學生，正是俗稱的「千禧世代」，約莫出生在一九八〇到一九九六年。「千禧世代」聽起來前途無量，可是要在這個美麗新世界成功的必要資源，在當時的艾爾沃德中學根本找不到。這種長年吊車尾的學校無力幫助新生代在二十一世紀站穩腳步。

我進入艾爾沃德中學頭一個月，也就是一九九九年秋天，上任一年半的首相布萊爾（Tony Blair）在工黨（Labor Party）會議上挑明了新生代「站在全新千禧年第一線」遭遇的挑戰：

如今，全球各地都面臨一道世紀難題，它的名字是技術革命（technological revolution）。十

---

5 譯註：英國學制分為四階段：初等教育（4-11 歲）、中等教育（11-16 歲）、擴充教育（16 歲以上）與高等教育（18 歲以上）。初等與中等教育屬於義務教育，學生須通過全國性標準評量測驗才能繼續升學。

年前，十五歲的孩子大概不懂得操作電腦；換作現在，沒有電腦恐怕難以生存。如今，全球外匯市場的每日平均交易量超過一兆，國家的生計全押在上面。全球金融、通訊媒體、電子商務和網際網路……接下來的每一年都將迎來嶄新變革，影響遍及國家安全，以至於數百萬國民的生活方式。[6]

「這些改變的力量將在未來打造出一個以知識為基礎的經濟型態，」他說。布萊爾政府希望提高擴充教育的畢業人口，因而要求各地增設科技大學（Polytechnics）和空中大學（Open University），滿足有抱負的藍領階級取得職業教育。這項施政方針刺激近數十年的高等教育曲線急遽攀升，從一九五〇年的三．四%增加到一九九〇年的十九．三%。[7]

此外，經濟學家認為，進階的識讀能力將帶來深遠影響，不僅能重塑國家形象，還能改變國民對生活的企盼。相比前兩代，拿我母親來說，出生在英國的牙買加裔移民，想要申請大學多半會被老師勸退；如今，沒有一張大學文憑就找不到一份像樣的工作，而且還只是條件普普的那種。學校的職涯規劃師甚至告訴我們，國內大學畢業生一輩子的平均收入比沒有學歷者多出十七萬到二十五萬英鎊（約台幣六百五十萬到九百五十萬元）。[8]言下之意，富人與窮人的未來不再取決於父母的職業，或是國家根深柢固的社會階級；從現在開始，教育程度加上一點點抱負將決定未來的我是不是能闖出一片天。

沒多久，「抱負」就成為政壇歷久不衰的流行用語——要是你功不成、名不就，那肯定是你沒理想、沒抱負。每當都市社區爆發衝突事件，好比我的家鄉托登罕，政府就會推託地方缺乏動力。二〇〇六年，政府啟動《REACH》生涯導師計畫，目標是「協助國內非裔男童及青少年發展抱負，以期發揮潛能取得成就」。[9]十年後，政府發現出身後工業鄉鎮、藍領家庭的白人青年，在高等教育的人口比例上嚴重不足。時任教育大臣的保守黨（Conservative Party）黨員海因茲（Damian Hinds）則向各家大學喊話，要求校方必須幫助「國內弱勢的白人孩童發展抱負」，[10]彷彿只差這點「抱負」就能讓鹹魚從此翻身。然而，問題的癥結不在於沒有抱負，而是抱負本身驅使青少年不擇手段但求成功，尤其在我出身的社區更是如此。

十幾歲時，有個朋友尤金就住在幾條街外。他有著淺棕膚色、頂著高平頭，以好鬥聞名，人人都叫他「肥佬」，但其實尤金只大我一歲，倒是個頭確實比我高上許多。某天尤金試探地問我：「你

---

6 http://news.bbc.co.uk/1/hi/uk_politics/460009.stm

7 https://researchbriefings.files.parliament.uk/documents/SN04252/SN04252.pdf

8 https://www.bbc.co.uk/news/uk-politics-40965479

9 https://dera.ioe.ac.uk/6778/1/reach-report.pdf

10 https://www.fenews.co.uk/press-releases/20673-news-story-education-secretary-launches-24-million-programme-for-north-east

有沒有興趣賺點錢，幫我賣『飯』（也就是大麻）？」他想確定把「活兒」交給我夠不夠「保險」。當下我就拒絕了，不過也有很多人沒能抵擋誘惑。過沒幾個禮拜，肥佬被人捅死了。

毒品交易出了名的暴力，儘管如此，幫派組織仍有辦法吸收青少年來運毒。這些少年人一心想成為大人物，以為加入後就能輕鬆賺錢、組建穩固家庭。縱使類似的好處鮮少成真，這場買賣依舊是合理的選擇——當教育成為獲得好工作的唯一道路，這群時常在學習上受挫的少年就只能另闢蹊徑。

近十幾年來，夢想抱負不再代表目標成就，而是買得起的酷東西。一方面，對年輕人來說，成功的壓力越來越大，成功的方法卻越來越少。另一方面，市場上各大品牌不斷洗腦消費者——金錢買得到快樂。回想我的中學時期，接受午餐補助的清寒生各個身穿昂貴的街頭服飾；如今，放眼英國和北美各地的學校操場，清一色是名牌服飾古馳（Gucci）。二〇一九年，擁有古馳等多家奢侈品牌的開雲集團（Kering）公布營業收入與營利報表，並開心宣佈當年總營收突破一百五十億歐元（約台幣五千一百億元）。[11]現今社會日益認定成功在衣著，「裝」得夠久就能夢想成真。然而，社群媒體確實加速這個現象成為主流，卻不是造成現象的原因。

成功的壓力無所不在，甚至在我懂事以前，無論在學校、街頭甚或教堂都逃不過它的魔掌。致富的信念不光是一種意識形態，更成為白紙黑字的福音，成功擄獲非裔族群入教，包括我媽。我從小跟著母親上教會，那裡的信徒大多是奈及利亞人，在教會的服事活動以戲劇為主。負責人是個中年大叔，頂著一頭無懈可擊的高平頭，搭配剪裁合身的西裝，操著一口標準美式英語，口音約莫介於拉哥斯人和紐約客之間。另外，馬修牧師也是魅力十足的傳道者，在台上走位猶如游刃有餘的主持人，還懂得適時調整講道節奏和音量來製造戲劇效果。

不止如此，牧師常常鼓勵會眾帶親朋好友來聽福音，教會便在口耳相傳間迅速壯大。我記得每次結束什一奉獻的環節後，牧師必定會以一句「邀請認識的人來教會」為佈道劃下句點。這套呼朋引伴的方式果然奏效，不過真正在每個禮拜日吸引會眾慕名而來的，其實是馬修牧師水漲船高的名氣。很快地，光是單個禮拜日就有超過一萬名教徒在台下聽講，一年可以創造上百萬收益。馬修牧師的福音甚至登上基督教衛星頻道，不少上鏡的美國藝人就是透過這些頻道躋身名人的行列。馬修牧師是神職人員也是企業教練，他叮囑會眾要仿效富人的心態「提高產量」，因為上帝不願追隨者一貧如洗；他承諾向上供奉金錢是在「播種」，如此才能實現豐饒的生命。

舊時勞動階級對名利的渴望之所以日益膨脹，一部分要歸結到布萊爾政府以降的政治氛圍。

---

11 https://www.kering.com/en/news/record-operating-margin-sustained-growth-trajectory#:~:text=In%202019%2C%20Kering%20had%20over,revenue%20of%20%E2%82%AC15.9%20billion.

一九九七年，新工黨候選人布萊爾拿下壓倒性勝利，以梅傑（John Major）為首的保守黨在選舉中慘敗，近二十年的統治宣告終結。此後，在布萊爾的帶領下，金融市場的勢力範圍逐漸擴大，製造業開始走下坡，不均現象則日漸加劇。

基本上，新工黨的策略是跟柯林頓（Bill Clinton）時期的民主黨（Democratic Party）學的，對有錢人睜一隻眼閉一隻眼，獨留勞動人口在陌生的千禧世代裡無所適從。那年工黨在五一勞動節贏得大選，隨後布萊爾治下的新工黨便拋棄工會傳統的集體主義，轉以自我形象為主的個人主義看齊，而將這套推向世界的第一人正是美國前總統雷根（Ronald Reagan）。話說回來，布萊爾不止比電視佈道家上鏡，而且還更有創業頭腦，他一邊向有錢有勢的大人物靠攏，一邊把自己塑造成國家巨星。一九九七年發生不少大事，包括布萊爾入主唐寧街在內，每一樁都預示了西方社會的走向。

首先，黛安娜王妃（Princess Diana）的驟然離世反映出一般大眾對名人生活的癡迷。王妃頭銜為黛安娜帶來超級巨星的光環，卻也令她在狗仔的飛車追逐下喪命。我們從名流身上看見無可企及的魅力風采，狗仔則在我們身上嗅到永無厭足的窺探欲。黛妃離世前一個月，知名設計師凡賽斯（Gianni Versace）慘遭槍殺，她還曾出席告別式致意。凡賽斯可以說重新定義了名流與時尚。《衛報》（The Guardian）時尚專欄的助理編輯評論，「他將時尚注入嶄新名人圈的核心，並且把服飾帶入流行文化，」高級時裝化身普通男女的嚮往。[12]

當年凡賽斯之所以能打開知名度還得歸功於嘻哈大咖的青睞，其中包括吐派克（2Pac）和聲名狼藉先生（The Notorious B.I.G.，又稱「大個子」）。吐派克是出身西岸饒舌圈的當紅炸子雞，一九九六年九月在拉斯維加斯被槍殺；聲名狼藉先生則是東岸的嘻哈教主，一九九七年三月橫死洛杉磯街頭。兩人從相互提拔到反目成仇，最終相繼在半年內喪命，這一切都得追溯到東、西岸幫派由來已久的恩怨。無論如何，可以肯定的是，兩起仿若電視實境秀的命案，不僅抓住了嘻哈粉的心，更招來大批海內外的看戲群眾。黑幫夙怨導致兩名歌壇巨星殞落，不過他們的死間接推動嘻哈過渡到二十一世紀，成為時下最流行的音樂類型。直到今時今日，大個子的口頭禪「操妹、掙錢」（fuck bitches, get money）依舊是嘻哈圈的至理名言。

黛安娜、凡賽斯和大個子的英年早逝在社會掀起「瘋潮」，印證了全新的成名硬道理——上流階級（黛安娜）、高調名人（凡賽斯）與白手起家的江湖人（大個子）。

同樣是一九九七年，賈伯斯（Steve Jobs）重返蘋果（Apple），不僅預示公司即將邁向前所未有的成功，更造就科技寡頭的新時代來臨。蘋果從銷售電腦轉型成販賣生活風格的大企業，成功

---

12 https://www.theguardian.com/fashion/2017/jul/11/glitz-glamour-tragedy-how-gianni-versace-rewrote-rules-fashion

擄獲許多千禧世代的心，果粉的死忠程度甚至不輸宗教信徒。光看 iPhone 的影響力就知道這絕不是誇飾。一九九七年底，蘋果以每股〇．五六美分收盤，直到書寫的此刻，蘋果市值已飆升一千二百七十六倍。二〇一九年，蘋果的全年營業收入遠超葡萄牙的國內生產總值。13

諸如蘋果等科技公司蒸蒸日上，反觀曾經強盛的國家逐漸走下坡。布萊爾上任後，首個重大外交決策是將香港交還中國。這象徵著英國的帝國願景走向終結，取而代之的新強權則是科技巨頭，它們富可敵國，而且影響力超越國土疆界。在全球化的世界秩序中，有錢就是老大。過去對布萊爾而言，重要的是確保人人都有一技之長好賺錢；然而今時不同往日，現在你我只需要一支智慧型手機和 Instagram（以下簡稱 IG）或抖音（TikTok）帳號就有可能發大財。

操縱經濟

二十一世紀頭十年的年輕人要上網得透過數據機撥接，和朋友聊天都是用即時通、MSN 等即時通訊軟體。有些當時的網路用語到現在依舊普遍，比如 XD、LOL，倒是「馬上回來」就真的過時了，畢竟數位時代下沒人真正離開過。另外，大眾的網路使用習慣也有所轉變，從窩在桌上型電腦前到現在手機全天不離身。自從萬能的行動裝置出現後，看似無窮的發財契機也隨之崛起。

綜觀人類歷史，沒有比網際網路更值錢的發明。三十年前，《富比士》（Forbes）富豪排行榜上盡是地表最強實業家，甚至不少毒販也榜上有名，像是哥倫比亞大毒梟艾斯科巴（Pablo Escobar）連續七年登榜。[14]今時今日，販毒集團已經看不到亞馬遜（Amazon）和臉書（Facebook）等科技巨頭的車尾燈了。如今社群媒體當道，貝佐斯（Jeff Bezos）和祖克柏（Mark Zuckerberg）的口袋比上帝還深，致富的餌也連帶「下滲」到世界各地最貧窮的角落。[15]

新世代音樂人紛紛轉戰 YT 頻道，並且開辦各種社群帳號，大舉邀請世界加入他們的日常生活。不光年輕一輩，所有人不分男女老幼在頻道上展現五花八門的興趣愛好，美妝、電玩、運動、商業、旅遊、政治、名人八卦、健身等，應有盡有。上千萬個頻道背後是不計其數的領域專家和業餘愛好者。成千上萬人點擊觀看普通人的日常來滿足窺視欲的同時，傳統媒體獨霸閱聽人眼球的主宰力也

---

13 https://www.weforum.org/agenda/2020/08/apples-stock-market-value-tops-2-trillion/

14 https://themobmuseum.org/blog/colombian-drug-lord-pablo-escobar-spent-seven-years-on-forbes-list-of-worlds-richest/

15 譯註：下滲經濟學（trickle-down economics）主張，政府對富人階級提供減稅等優待政策有利於整體經濟，可由上而下改善底層人民的生活。

被大幅削弱。在新媒體嶄露頭角的過程中，身為閱聽人的我們也創造出了一種全新的國際貨幣——影響力。

過去一百年來，政黨和品牌不斷投錢行銷，期望能吸引大眾目光，藉此左右你我的決定；如今，我們越來越多關注都集中到新型態的追夢者身上——網紅。網紅是社交、影音平台上擁有上萬乃至上千萬追蹤的人物，有的是意外走紅，有的則是經過精心設計。無論如何，他們懂得將動態牆打造成生活佈告欄或偷窺秀，以此吸引超級狂粉花錢訂閱會員，成功把追蹤數變現。

十年前這種偽專業根本不存在，現在不分男女老幼，成千上萬人為了追蹤數和名氣拼得你死我活，只求攫取關注、一圓最終夢想——發大財。以最強吸金網紅凱莉·珍娜（Kylie Jenner）來說，她光是一則 IG 貼文就可以賺進一百二十萬美元（約台幣三千六百萬元）。[16]不過並非所有網紅都想要現金或賣東西。網路熱度，準確來說是「流量」的厲害之處在於有辦法撬開機會的大門。不管追蹤數是兩百還是兩百萬，社群媒體的存在感本身會帶來獎賞，進而鼓勵我們透過能換取好處的方式表現自我。在領英（LinkedIn）撰寫亮眼的履歷吸引潛在雇主、在推特（Twitter）發表黑特文凸顯自己有讀書，或是狂修照片吸讚數……社群媒體變相鼓勵使用者美化自我、扭曲現實，因為它為人類的社交生活帶來利潤動機，深刻影響我們的一舉一動。

二〇一〇年，我大學剛畢業，說好的經濟榮景變了調，中產千禧世代變成吃屎世代。回想二〇〇八年，我還是經濟系大學生，努力理解國家避之唯恐不及的漲跌循環，接下來的事不說也知道——金融海嘯來襲，全球經濟崩盤。準備畢業的我眼睜睜看著校園徵才化為烏有，下一個十年和之前說好的完全不一樣。我們這批一九八〇到一九九六年生的人，明明受過更好的教育卻註定混得比父母差，這是戰後頭一遭「一代不如一代」。[17]統計數字會說話，以英、美兩國為例，現今的三十歲世代就比二十年前的同代賺得還少。另一方面，生活成本節節攀升，不少西方國家的人快四十歲還在跟人分租房屋；[18]四十歲以下的購房族逐漸流失，倒是建商廣告越打越兇。英國國內的消費支出持續增長、個人債務也不斷飆升。[19]這還只是新冠肺炎大魔王橫空出世前的數字，事到如今也就那些可以在家工作的人有得玩賺錢遊戲了。

由於時勢所致，「發揮影響力」成了有利可圖的生意，不說入行門檻低，要是成功了還能躋身

---

16 https://www.bbc.co.uk/newsround/49124484

17 https://www.ft.com/content/81343d9e-187b-11e8-9e9c-25c814761640

18 https://www.theguardian.com/society/2016/jul/18/millennials-earn-8000-pounds-less-in-their-20s-than-predecessors

19 https://www.theguardian.com/money/2018/feb/16/homeownership-among-young-adults-collapsed-institute-fiscal-studies

好野人行列。用不著頂大文憑或熟人牽線，只需要獲得網路世界的聲量，就可以身兼生財工具和銷售員叫賣自己。我不會說成功的網紅是數位勞工，因為他們通常標榜自己是感情大師、金融專家或社運人士。有些網紅甚至以過來人身份開辦課程，手把手教粉絲成功致富。美妝網紅派翠夏．布萊特（Patricia Bright）擁有兩百六十萬訂閱數，無疑是數一數二的頻道經營者。她寫了一本書《用愛追夢》（暫譯。英文書名：Heart & Hustle），「以親身經歷教你成功圓夢」。

問題是網紅世界真有這麼好賺嗎？衝高追蹤數帶來的報酬固然令人欲罷不能，但社群網路的效益從虛擬世界橫跨到現實生活，恐怕會扭曲人性，讓初嚐甜頭的人為了累積人氣不惜一切代價。以前只看得到饒舌歌手和影壇巨星炫富，如今，從隔壁同事到上流名人通通在炫，社群媒體二十四小時充斥類似貼文，這些人只要做自己就能聲名大噪。可是每有一個百萬網紅，就有上百萬個蹣跚學步的仿效者。西方俗語云：「發光的未必都是金子」，社群使用者看見的究竟是金光還是火光？接下來本書會帶領你朝那道光挺進，細細探究種種浮華與魅力背後的內幕。

對底層網紅來說，欺瞞可以賺錢，為了生活只好越騙越大。有人捏造身家、佯裝追蹤者，甚至隱瞞自身種族向粉絲推銷來路不明的產品。近年來，我們見識過網紅把瀉藥當養生飲料賣、大肆宣傳不存在的音樂節搞得不可收拾、詐騙被逮，甚或涉入上百萬美元的龐氏騙局。現在越來越多廠商，尤其醫美、金融等管制商品與服務的產業，看準遊走在道德邊緣的網紅，利用業配向市場肥羊推銷產品，以此迴避政府機關的監管。網紅產業很快會成為網路世界最飽和的行業，然而仔細分析這塊大餅，其實無異於規模浩大的老鼠會，身在其中的你我既是受害者，也是加害者。

第一章

服飾品牌躋身獨角獸俱樂部

洛杉磯全景市（Panorama City）似乎和新創獨角獸20沾不上邊。這裡曾經是通用汽車（General Motors）組裝廠的所在地，如今則淪為沒什麼工作機會的破敗地方，而當地居民大多是亞美尼亞、菲律賓和拉丁裔移民。以前全景市中心是組裝廠，現在則是全景購物商城（Panorama Mall），就像多數後工業社區的命運，大型生產工廠紛紛被大型購物中心取代。但是不說沒人知道，綜觀數位時代的各行各業，最出人意表兼最具影響力的服飾品牌正出自全景市，只不過平均年齡超過三十歲的白人多半沒聽過它——Fashion Nova。

Fashion Nova是全景購物商城的店鋪之一，左鄰右舍不是裝飾珠寶店就是暢貨門市。這裡的店家多半提供現金消費，方便信用不佳的顧客購物，而身在其中的 Fashion Nova 很快就會嶄露「頭角」。Fashion Nova 不像臉書或微軟，既不開發軟體也不靠演算法營利，它的成功全憑社群經營和現代網路文化。這家企業不僅是女性開闢新事業的重要推手，甚至鞏固了美國流行文化的審美觀，進而影響所有向美國看齊的地區。

二〇〇六年，理查．薩吉安（Richard Saghian）在全景市開設第一家 Fashion Nova 實體店面，當時沒人料想得到，名不見經傳的平價服飾竟會發展成一股不容忽視的影響力。薩吉安具有伊朗血統，是土生土長的加州人。小時候只要放暑假，薩吉安就會到父親開的女性服飾店打工，一路走來算肯吃苦、敢打拼。薩吉安也許不像凡賽斯或克萊恩（Calvin Klein 的創辦人），稱不上是家喻戶曉的人物，不過他打造的 Fashion Nova 無疑是 IG 上的金字招牌，儘管他到二〇一三年才推出官網。

Fashion Nova 首家旗艦店開幕時還是沒沒無名的地方店鋪，十二年後，它已經是谷歌（Google）搜尋次數最多的時尚品牌。如今旗艦店依舊可見 Fashion Nova 不起眼的出身——四周淨是單調的大白牆，地板磁磚給人一種公廁感，店內的裝修風格普通。整間門市看上去用不了多少成本，裡頭賣的東西也確實不貴，服飾、配件一律不超過三十四．九九美元（約台幣一千元）。訪問時，我是

---

20 譯註：以創業術語來說，「獨角獸」是指估值達到十億美元以上的新創公司。

店裡唯一一個男人，其餘十幾個人，包括店員和顧客都是年輕女孩，她們不是拉丁裔就是非裔，各個身材豐滿，不少人的臀部動過刀。店裡放著美國饒舌歌手費鍗．瓦普（Fetty Wap）和卡蒂B（Cardi B）的串燒金曲。卡蒂B過去是脫衣舞孃，後來參加實境秀順勢推出單曲而爆紅，如今已經是嘻哈界的重磅巨星，亦是Fashion Nova的付費代言人。

店裡的背景音樂和品牌主打的裸露美學「一搭一唱」，步步將Fashion Nova推向市場領頭羊的位置，成為街頭妹子心目中經典不敗的性感服飾。其實，不管是隔壁的Mode Plus還是對面的Queens（隔壁是男性服飾店Kings）都能買到類似衣服，唯一的差別是它們沒有牌子。其實，這些派對緊身服飾都出自領著微薄薪資的非法移工（undocumented migrants）之手，一旦車上品牌標籤便可翻上好幾倍。說到底，不論是洛城全景市或北倫敦托登罕，在任何低收入的拉丁裔社區裡，只要找得到臨時工廠，就能挖到同款洋裝。然而，Fashion Nova從沒沒無名的小店到如今發跡，可說是走了很長一段路。不過薩吉安可能生來就要吃這行飯，畢竟他以前也在父親開的女裝店工作過，可是他明白今時不同往日，這個世界瞬息萬變，要想殺出重圍勢必得有所突破，因此他的第一步便是招聘內行人來指點迷津。

當年碧米．費沃拉（Bimi Fafowora）還是大學生，主修社會學和市場行銷；某天她發現一家服飾店的行銷團隊在徵人。碧米的雙親分別是土木工程師和眼科醫師，如同歐美國家的奈及利亞中產家庭後代，父母一直對她寄予厚望，盼望她有天能成為醫生或律師。只不過碧米內心有著天馬行空的想法，在課業之餘，她喜歡拍攝有模特夢的年輕女孩，所以她一看到這則徵才廣告便手刀投下履歷。

面試時公司要她到北嶺（Northridge）向大老闆薩吉安提案。「我提了一些不同的點子，建議他品牌行銷和美學都砍掉重練，然後我就拿到這份工作了。」這對年僅二十二歲的碧米無疑是個大好機會。「本來我覺得這份工作沒什麼了不起，因為當時的 Fashion Nova 還不像現在一樣規模浩大，」她一派輕鬆地說，「我從小在附近的聖費爾南多谷（San Fernando Valley）長大，只知道它是購物商城裡的一家店。」在碧米印象中，以前店裡的衣服種類包山包海，從學校制服到日常便服都有賣。當時 Fashion Nova 才推出官網不久，碧米其中一項工作是更新網站，還有想辦法找到高顏值、高人氣的 IG 網紅，然後把自家衣服送到她們手上。

然而，碧米和薩吉安各自代表中上階級和街頭文化的品味，兩相碰撞下難免需要磨合期，所幸碧米很快便掌握老闆的心思。薩吉安希望品牌能瞄準那些具備特定形象的女孩——她們的身材玲瓏有致，喜歡上夜店跟著嘻哈音樂扭腰擺臀，而且渴望坐進 VIP 包廂；她們樂於賣弄性感，而且夢想有朝一日聲名大噪。最重要的是，她們熱衷 IG 社群。

Fashion Nova 開始招募符合形象的小網紅擔任代言人。同樣是業配，普通網紅只能收穫免費衣服，重量級網紅則還有錢拿。業主往往會叮嚀她們要標註 Fashion Nova 才能衝高追蹤數、打開知名度。不只如此，有專屬折扣碼的代言人還可以額外拿獎勵佣金。不過，Fashion Nova 之所以取得空前成就，必須歸功於積極滲透嘻哈產業的行銷策略。它一方面付錢請饒舌歌手把品牌寫進歌裡，另一方面和卡蒂 B 等實境秀明星簽約，等她們成為饒舌巨星，品牌就能坐收漁翁之利。再者，Fashion Nova 還懂得請非裔、拉丁裔大咖明星跨界設計衣服，並開闢專門生產線製造這些聯名商品。Fashion Nova 非但買下 VIP 包廂的一席之地，甚至不忘從中多撈些好處。

美國名媛金．卡戴珊（Kim Kardashian）是歐美名流圈的頂級人物，影響力大到足以定義時下潮流。二〇一九年，金身著法國時裝鬼才蒂埃里．穆勒（Thierry Mugler）的黑色長禮服出席活動，沒想到才過一天，Fashion Nova 馬上推出同款禮服。[21]無獨有偶，超級網紅凱莉（金同母異父的妹妹）的二十一歲生日趴可說是星光熠熠，不少有頭有臉的人物到場祝賀；不料沒幾個小時，賓客的服飾、配件就被複製到市面上販售。Fashion Nova 豈止是快時尚，簡直是地表最速服飾品牌。碧米表示，回收再利用或竊取時裝設計，是業內眾所周知的潛規則。「名人身穿華美的禮服在社群上公開亮相，快時尚品牌只是有樣學樣，讓大眾有機會穿同樣的衣服。況且這些名媛通常穿一次就丟了……因為一樣的衣服不能在 IG 出現兩次。」此時我和碧米坐在 Nomad 的屋頂上，Nomad 是足球員度假首選的奢華飯店。「我覺得現代人都想要更好、更高、更有名、更熱門、更有魅力的東西，快時尚就能實現這些願望。它縮短了普通人和名人之間難以跨越的鴻溝。」

不管金何時發佈新的時尚單品，Fashion Nova 就是有辦法在短時間內生出復刻版。由於生產到上市的速度之快，導致不少人懷疑金早就和品牌私下串通，不過她已經否認。[22]喬爾是個行銷奇才，曾經和 Fashion Nova 合作，我問過他知不知道什麼內幕，「我真的不知道，就算知道，我也會嘴巴惦惦。」不過他還是有透露一點八卦。有次他發現克莉絲，珍娜（Kris Jenner），也就是金的母親兼經紀人，和薩吉安見面開會。所以囉，真相如何誰都說不準。當初金痛批 Fashion Nova 毀了穆勒的設計，可是到頭來，不也是她的親妹妹凱莉用一張照片就把 Fashion Nova 形塑成文化潮流。照片裡，凱莉背對相機坐在床沿，頭微微越過肩頭向後轉，雙眼直盯著鏡頭。當時她穿的就是 Fashion Nova 的牛仔褲。凱莉也親自標記了這個品牌，愛心數更逼近三百萬。「那則貼文在社群裡爆紅，所有小報都刊登了這張照片，」喬爾講得口沫橫飛。

同時，Fashion Nova 簽了一堆影響力不容小覷的二線饒舌歌手，包括凱莉的前男友泰加（Tyga）。

---

21 https://www.refinery29.com/en-us/2019/02/224802/kim-kardashian-fashion-nova-mugler-dress

22 同上。

喬爾解釋：「Fashion Nova 以前所未有的方式全面滲透音樂產業。它的商品出現在 DJ 卡利（DJ Khaled）和小賈斯汀（Justin Bieber）的音樂錄影帶，當紅歌手卡蒂 B 三不五時來一句 Fashion Nova，甚至有卡戴珊姐妹助攻！」

接下來品牌付出的心血慢慢回本。二〇一八年，Fashion Nova 成為網路上最多人搜尋的時尚品牌，更繳出年收益二．九四億美元（約台幣八十八億元）的亮眼成績。[23]二〇二〇年，Fashion Nova 的 IG 追蹤數突破一千七百萬。之後 Fashion Nova 邀等待成名的網紅自掏腰包買衣服，然後拍照標記 @fashionnova，並在貼文加上「#新寵兒」（#NovaBabe）的標籤。截至目前，IG 上有超過千萬則動態是素人為了通過試鏡、引起品牌關注的應徵文。每個人都渴望成為#新寵兒，以付費代言人的身份拿到品牌贊助衣，畢竟這個頭銜在 IG 上等同於 VIP 包廂。

Fashion Nova 官網醒目的標語：**想不想當#新寵兒？妳符合#新寵兒的條件？妳是今日的穿搭女王等著震撼全場？！妳有著獨一無二且人人稱羨的穿搭風格？如果說的就是妳，歡迎加入#新時尚小隊（#NovaSquad）！**

許多夢想遠大的網紅自掏腰包買一堆 Fashion Nova 的衣服回家研究、打模，她們認為這是一種投資，暗自希望這將來成為自己的工作。事實上，她們只是 Fashion Nova 的免錢勞工，業配不收錢之外，還讓品牌出一張嘴指手畫腳。這家公司確實親手挑了少數人贈送免費衣服，而這些女性都有相同的外觀條件。她們年輕貌美、腰瘦奶膨、臀部寬大、雙唇豐潤。她們大方穿著緊身服飾秀出沙漏型身材，正是一般人熟知的「IG 壞寶貝」（Insta baddie）。本身是黑人的壞寶貝會嘗試展現混血般的焦糖膚色；本身是白人的壞寶貝則會染一頭黑髮，盡力模仿古銅色妝容。無論如何，IG 壞寶貝絕對都符合肯伊．威斯特（Kanye West）音樂錄影帶裡的主角形象，不說還以為她們跟卡戴珊家族都找同一個整型醫生。

如今，碧米已經是服飾品牌事務所的老闆，專門招募模特兒，還有為新興時尚品牌提供行銷服務，幫助它們複製 Fashion Nova 的成功模式。我問她公司挑選模特的標準是什麼？「看她們外表有沒有符合時下趨勢，類似卡戴珊姐妹的臉孔，」她回答，「而且身材性感豐滿、看不太出來什麼種族。」碧米本身就是極具魅力的黑人女性，她也遇過客戶只想跟淺膚色的模特共事——「所謂理想的審美標準，在客戶決定試鏡人選時就底定了。」

新一代的經紀公司，比如倫敦的 Above & Beyond Group，都是從社群媒體挖掘「錢途」看好的小模特兒和網紅。他們的名冊上有各式各樣的人，但大部分還是非白人，看得出大致偏褐色和亮棕色。

---

23 https://wwd.com/fashion-news/fashion-features/inside-fashion-nova-cardi-b-1202595964/

誠如碧米所說：「回想九〇年代，金色長直髮、傲人雙峰和竹竿身材才是王道……我想，每個世代都有每個世代的臉孔吧。」

Fashion Nova 並非開創網紅業配的先鋒，不過它確實大力推動業配的普及度。快時尚企業相中一些年輕女性，接著砸重本請她們業配，進而創造一種新經濟，為網路上的漂亮女生提供賺錢機會。再說，美本來就是有價的商品，只要長相合乎市場胃口，那麼靠自身美貌輕鬆賺錢也無可厚非。然而，不少年輕女性正是看準可觀的報酬遂起了整型的念頭，甚至因而隱瞞自身種族。

黑面具、白皮膚

愛嘉（Aga）今年十九歲，她發現 IG 上的自拍照有越來越多人按愛心。「我也沒特別做什麼，只是出門穿得不錯看就會拍一張。」仔細觀察她的貼文，果然是那套似曾相似的審美公式。從照片上不難看出愛嘉是標準身高，然而，不管她當天穿什麼——緊身牛仔褲配短版上衣、經典連身褲裙或圖騰樣式的雪紡洋裝，通通都能展現那副腰束奶膨的沙漏型身材。除此之外，每則貼文還會附上一句俏皮的短語，比如每日微肉小性感。愛嘉一頭烏黑秀髮，皮膚則偏亮焦糖色。另外，她偏好在鏡子前自拍，背景多半是自家臥室。愛嘉說自己沒想過在網路上成名，可是 IG 常常推薦一些色相俱佳的女性自拍照，她就是這樣登上熱門頁面，接著不斷被轉發才爆紅。愛嘉曾經有則貼文的瀏覽量超過十四萬七千次，迅速吸引成千上萬名男性追蹤她的帳號，而她也瞬間成為當地出名的辣妹。

「可能大家現在就是喜歡前凸後翹的妹子吧，」她說。

色相俱佳的貼文不光為愛嘉擄獲一票粉絲，更幫她博得不少快時尚品牌的青睞。「我想看能不能趁機賺一波」，這個東倫敦長大的小女生以前學的是會計專長，腦子轉得特別快，一眼看出業配是「錢」途無量的副業，畢竟這些品牌在網紅行銷這塊從不手軟。接下來，她將IG帳號切換為專業帳號，如此一來，使用者就能取得洞察報告，深入瞭解帳號成效和追蹤者的各項指標，最重要的是還能標註各大商家，包括Fashion Nova。事實證明，她的努力沒有白費。很快地，Fashion Nova和Pretty Little Thing都捧著自家衣服找上愛嘉。一方面，她的日常打扮和品牌風格不謀而合；另一方面，她的粉絲也是品牌主打的受眾。同時，愛嘉開始和蛋白質世界（Protein World）合作推銷營養品，只要粉絲使用專屬優惠碼購買產品，愛嘉就能拿到獎勵佣金。

「合作廠商通常會直接把衣服送我，不會給我錢，」愛嘉模仿道，「來來來，這些都給妳……隨便妳要怎麼搭，發文的時候記得標記品牌就好。」我第一次訪問愛嘉是在二〇一九年，當時她的IG追蹤數是五萬，接著沒幾個月就突破二十五萬大關。直到我寫這本書的當下，線上業配已經變成她的主要收入，還有來自當地商家的佣金。此外，倫敦一家在地租車公司也相中她當代言人，主打那些住在內城區[24]又愛面子的人。這家公司旗下一共十二位代言人，各個都是外貌出眾、小有名氣的年輕女生，由她們向大批男粉推銷再適合不過。任何時候只要有人使用專屬折扣碼租車，她們就能拿到部分報酬。事實上，這些代言人的外型仿如同個模子印出來的——乍看有著淺棕色的黑皮膚，貌似不同族裔的混血兒，且種族身份曖昧不明。愛嘉恰好都滿足這些條件。

二〇一八年九月，愛嘉發了一張自拍照，全身上下都是業配——衣服、手機殼和美睫，連頭髮處都標了一家在東密德蘭（East Midlands）的黑人美髮店。相片裡的她擺出最拿手的站姿，腰部窄得不像話，雙臀則又大又翹——上窄下寬到像是視覺錯覺。不只如此，她微噘豐滿的雙唇，並露出大片焦糖色肌膚，還頂著一頭黑人的招牌玉米辮，儼然是集自信與魅力於一身的新生代女黑人。唯一的問題是，愛嘉根本不是黑人，她是出生在波蘭的白人。不久後，她將因為「假黑人」（blackfishing）而成為眾矢之的，如同其他「黑面具、白皮膚」的網紅。

同年十一月，名為瓦娜．湯普森（Wanna Thompson）的記者在推特開了第一槍：「開個討論串聊那些在IG假扮黑人的白人女森?」推文一出旋即在網路炸開。對愛嘉來說，逛IG、Snapchat和推特是家常便飯，跟上一輩習慣讀日報一樣。「那天我起床照例先開推特，滑到有意思的推文就會看下面的討論串，」她說，「然後我隨便滑一下居然看到自己的照片！」等她回過神來，手機已經響個不停。好友和陌生人的訊息如雪片般飛來，每個人都迫不及待告訴她——全世界都在討論妳。

當時網友整理出一份名單和膚色對比圖，主角全是有知名度的白人女性，年齡則介在十七到二十一歲。她們都是天生白肉底、直頭髮和一副狹長臉型，後來在深色美妝品、修容術和假髮的加工下，搖身成為棕皮膚、厚嘴唇和微卷髮的美人兒。這份名單在網路上被轉傳上萬次，現在更不乏YT影片教人如何「改頭換面」。Fashion Nova 的代言人艾瑪．霍伯格（Emma Hallberg）在社群媒體擁有超過三十萬追蹤數，深棕膚色讓鐵粉對她的混血兒身份深信不疑，而這些人也是出於厲害的美妝教學開始追蹤她。當她的名字出現在名單上，粉絲都驚呆了，紛紛私訊她是真是假，難道她是白人嗎？對此艾瑪表示從沒說過自己不是白人，只是把臉化成棕色罷了。後來許多追蹤者都在推特上表示自己根本被騙了。

至於愛嘉，在這波爭議的推波助瀾下，她的 IG 頁面幾乎達到一百五十萬曝光數。不過她被指控假扮黑人博關注，甚至有人說她是種族歧視，跟早期黑臉走唱秀（minstrel show）裡的白人諧星一樣，刻意化暗妝譏笑非裔族群。當時各國媒體和學界都對這個現象感到納悶，但其實這根本不足為奇。就連卡戴珊一家都懂得改頭換面，金．卡戴珊的妹妹凱莉微整型之後看起來就像混血兒，或

24 譯註：內城區（inner city）泛指鄰近市中心的舊城區，區域人口密集且明顯高齡化，多為經濟狀況不佳的弱勢族群。

者說「不像白人」。二〇一九年十二月，金以非裔傳奇歌星黛安娜．羅絲（Diana Ross）的經典造型登上《7 Hollywood》雜誌封面，照片裡的棕皮膚也引發大眾撻伐是白人強裝黑人。愛嘉說：「我懂這些人在罵什麼。我是千禧世代，我用社群媒體，然後觀察到時下趨勢和一些有的沒的。我不會一邊看著自己的照片，一邊反駁他們是無中生有。不然我能怎麼辦？」我問她以後還會不會編黑人頭，她說「現在講這些太敏感」，而且她心裡也拿不定主意。

愛嘉在波蘭首都克拉科夫（Krakow）出生，在倫敦東郊的巴金（Barking）長大，這裡堪稱全歐洲種族最多元的地區。在愛嘉身處的世界，不論真實生活或虛擬社群，美的標準都不再是白人女性說了算。對她來說，美國非裔女歌手堤雅娜．泰勒（Teyana Taylor）才是令人夢寐以求的女神。二〇一六年，肯伊推出新歌《Fade》的音樂錄影帶，拍攝靈感來自一九八三年電影《閃舞》（Flashdance）。當時他特別請到泰勒跨刀熱舞，畫面上的泰勒一身深栗色肌膚，不僅身材凹凸有致，輪廓分明的腹肌更是性感逼人。除此之外，泰勒還身兼 Fashion Nova 和 Pretty Little Thing 兩個同性質不同品牌的代言人。訪問時愛嘉掩不住羨慕說，「堤雅娜．泰勒有一副完美的身材，超爆正。」

愛嘉的故事是部分千禧世代的縮影，這些年輕人眼裡的世界由社群網路說了算，就連審美觀也深受嘻哈文化主導。這類型的音樂和時尚不光重寫了憧憬的定義，更決定了你在價值十億美元的服飾產業中所扮演的角色，乃至於你對巴著流量不放的品牌有多少影響力。在現代網路世界中，白種人平淡無奇的身材及蒼白瘦削的臉蛋毫無市場價值；反觀 Fashion Nova 代言人的變臉把戲才能讓你晉升名人貴賓。今時今日，許多白人女性在青春期和二十出頭時，都會借助妝容技術向這套標準靠攏，這種改變種族特徵的力量來自經濟誘因，換句話說，角色扮演確實有利可圖。

如今，網紅大方出賣追蹤數給捧著最多鈔票上門的商家，至於美的倫理與政治則鮮少被討論。英國廣播公司（BBC）研究發現，某個三人組合的知名網紅團體絲毫不介意向粉絲推薦含有氰化物的健身飲品。這款飲品實際上並不存在，不過他們在當下並不知情。直到研究者揭露事實時，他們才聲稱自己只是拿錢辦事。一旦談到付費業配甚或是聯名商品，不少網紅就開始推卸責任。這點在快時尚的品牌代言上特別明顯，尤其是 Fashion Nova。話雖如此，品牌靠著剝削底層網紅賺取暴利確實應該負更大的責任。

表面上是快時尚企業，骨子裡是薪水大盜

Fashion Nova 的獲利模式簡單明瞭：先以微薄價格採購工本低廉的衣服，再設法把商品捧上天，如此一來就能以高價賣出，進而獲取可觀利潤。幾乎可以肯定，要是沒有網紅加持，Fashion Nova 不可能如此成功，這些衣服說穿了就是假白金、真塑膠。Fashion Nova 表面是洛城眾多名流的愛牌，

實際是出自不為人知的血汗工廠，可說集光鮮亮麗與骯髒汙穢於一身。

提到洛杉磯時尚區（LA Fashion District），外國人興許會聯想到名人、文青和時尚達人，不過事實上，這裡從南到北九十個街區和「潮」一點也沾不上邊。洛杉磯時尚區就是工業區，不計其數的貨倉、批發行和惡質血汗工廠在這裡運作地球上最具破壞力的產業。全球成衣業位居世界第三大製造業，排名僅次於汽車工業和科技業。於此同時，成衣紡織也是氣候變遷的禍首之一：每年碳排遠超國際航空和貨運業的加總，不僅消耗了相當於湖泊大小的水資源，生產過程更排出大量化學和塑膠汙染物。

據估計，洛城市中心約三千家小型工廠，裡頭的工人大多是拉丁裔移民，他們專為類似 Fashion Nova 的快時尚品牌供貨。然而，這些被生產出來的衣服，每年有超過三十萬噸最後進了垃圾桶，回收率不到一%。[25]要是汙染環境還不夠警世，不妨想想成衣業由來已久的弊病——剝削勞工。從英國的萊斯特（Leicester）到美國的洛杉磯，在西方經濟體中，非法移工領著奴隸般的薪酬，在臨時搭建的工廠埋頭苦幹，只為了趕在明天新款上市前加工製造出今日必敗服飾。網紅穿上主打表達自我的服飾大方業配，至於生產這些衣服的血汗勞工則苦無發聲機會。

洛杉磯時尚區估計有五萬名苦工，但當地只有一個公平倡議組織為他們爭取合理薪資。成衣勞工中心（Garment Worker Center）棲身在商辦大樓的一間小辦公室，裡頭其他租客多半是紡織批發商。

走進大樓可以看見灰藍色調的牆身，經過迷宮般的走廊後會遇見一道木門，上頭的公告反映出多數成衣勞工日常深切的恐懼：「私人組織，非請勿入。依據美國憲法第四修正案，我方有權拒絕您進入本辦公室。另外，依據美國憲法第五修正案賦予的權利，除非您有搜查令，否則我方不希望與您交談或回答任何問題，更不想簽署或交出任何文件。」這段文字是給“ICE”看的，也就是美國移民及海關執法局（Immigration and Customs Enforcement）。事實上，洛城的成衣工人大部分來自墨西哥和中美洲，多半都是只會講西班牙語的非法移民。

維吉妮亞（Virginia）是非法居留美國的無證移民，在口譯員的幫助下娓娓道來自己的身世經歷。維吉妮亞出生自瓜地馬拉，現年四十五歲，有四個孩子。先生、大兒子和她都住在美國，三個女兒還困在家鄉，礙於身份敏感，他們根本沒辦法回去。「我什麼文件都沒有，官方資料找不到我的名字。我丈夫先偷渡來美國，之後我學他從邊界過來。我在沙漠裡走了兩天兩夜，好不容易才到這裡，」維吉妮亞說。

瓜國的經濟狀況在她離開時就很差了，過了二十年，該國甚至成為世界上謀殺率最高的國家之

25 https://publications.parliament.uk/pa/cm201719/cmselect/cmenvaud/1952/1952.pdf

一，且女性謀殺率高居全球第三。許多百姓為了身家安全，不得不遠走他鄉。「要是可以，我也想帶女兒一起過來，」雙眼佈滿淚水的維吉妮亞哽咽道。她說自己的哥哥被人殺死，其中一個女兒還被強暴。即使工廠品檢員的薪水少得可憐，維吉妮亞依舊是家裡主要的經濟支柱。另一方面，儘管薪水幾乎都拿去繳房租了，她還是會固定寄錢回南邊老家。從事成衣業的十七年間，維吉妮亞不斷在一間又一間工廠流浪，但凡沒得做了就在時尚區裡四處求職，直至找到頭路為止。「上禮拜我還在史丹佛大道（Stanford Avenue）和皮可大道（Pico Boulevard）附近工作，」她說，「後來經理說不需要那麼多人了，情況好轉的話再打電話給我。」維吉妮亞去領薪水時發現數目不對，可是她也見怪不怪，這早就不是第一次被非法扣薪。

根據成衣勞工中心主任梅瑞莎（Marissa）的說法，成衣業的薪資偷竊率高達八十五%，「換句話說，八成五的工廠沒有給到最低薪資。從我們經手的個案來說，平均時薪才五．五美元（約台幣一百六十五元）。」然而，當時加州政府明訂僱員達二十六人以上的公司，最低時薪為十三．二五美元（約台幣四百元）；26也就是說，大部分移工實際領取的薪水不到州政府規定的一半。事實上，非法移工之所以容易成為被剝削的對象，不光是因為他們願意接受貧乏的薪酬，更重要的是，他們害怕一旦提出勞資疑慮就會被雇主舉報遣返。最令人不齒的是，打劫維吉妮亞這種移工的雇主，竟是市值數億美元的快時尚大企業。

維吉妮亞待過最嚇人的地方是一家鼠輩猖獗的血汗工廠。它位在時尚區以南的二十二街，介於緬因街（Maine Street）和百老匯大道（Broadway Boulevard）。「我在那裡吃了不少苦頭，有時候還會被老鼠尿襲擊，地上到處是老鼠屎。牠們在天花板亂竄，屎尿什麼的都會掉到我們身上，」她說，「那些買 Fashion Nova 的人大概以為工廠非常乾淨，殊不知她們帶回家的商品搞不好都被老鼠尿過。」

梅瑞莎告訴我，中心目前已經幫移工討回逾六百萬美元的未給付工資，算進損害賠償的話，估計每個移工拿回三萬到五萬美元不等。問題是這些無良廠主常常在司法審判前人間蒸發。多數工廠的管理層就小貓兩三隻，關廠、走人都輕而易舉；一旦發生勞資糾紛，「他們就會在一夜之間關閉工廠」，而這些快時尚企業作為廠方客戶，在法律規定下根本不必對任何薪資竊取或非法行為擔責。梅瑞莎說：「他們心知肚明這是在幫自家公司的淨利率灌水，從這個角度來說，他們絕對要為這些移工負責。」

快時尚產業靠的是過度生產和消費的惡循環，總有一天會撐不下去。據英國政府推估，全球

26 譯註：自二〇二二年一月起，加州二十六人以上的公司，最低時薪為十五美元（約台幣四百五十元）。

服裝總消費量將在二〇三〇年前增長六十三%，總消耗量從現在的六千兩百萬噸增加到一億兩百萬噸，[27]等同於多出五千億件T恤，整整超出世界人口的七十倍。除此之外，快時尚已然是國際問題。[28]聯合國指出，照人口增長的速度來說，倘若世人再不改變消費習慣，那麼到二〇五〇年前，我們將需要三個地球的自然資源才能維持現行的生活方式。目前，ASOS、H&M、Boohoo和Pretty Little Thing一直穩居快時尚品牌的龍頭地位，不過有一家企業的名字不斷出現在勞工的投訴中——Fashion Nova。它一夕崛起為成長速度最快的快時尚企業，也是所有血汗工廠搶破頭的大客戶。

Fashion Nova並非快時尚的始祖，但它似乎青出於藍勝於藍，比任何競爭對手還懂得刺激消費需求。它專門製造穿一次就丟的衣服，並且把新生代女性打造成大眾市場的賣手。同時她們對自己推銷的商品蠻不在乎。「快時尚的商業模式建立在創造需求，」梅瑞莎說，「我甚至覺得，喜歡Fashion Nova的人也沒在裝，他們真的就是以一副無所謂的心態在營造一種無所謂的環境。」

Fashion Nova旗艦店打著女性賦權的旗幟販賣商品，承諾女性有機會變成像卡蒂B一樣的新寵兒。這名饒舌歌手為Fashion Nova設計的衣服不到幾小時便銷售一空。諷刺的是，店裡五顏六色的上衣印著「平等」、「獨立女性」等醒目標語，品牌背後的大老闆卻以壓榨生產線上的弱勢女性作為牟利手段。

Fashion Nova的品質奇差無比，許多時尚部落客怒罵企業騙錢。但這沒什麼殺傷力，旗下服飾照樣賣得強強滾，等著簽合約或接收免費衣服的底層網紅依舊大排長龍。說到底，Fashion Nova 之所以成功，靠的是炒作，而非商品本身。令人意想不到的是，快時尚和卡戴珊姐妹帶動的外型風潮竟牽動不同市場：新寵兒的審美標準連帶促進醫美經濟的蓬勃發展，繼而出現比 Fashion Nova 更無良的行銷投機份子。

---

27 https://publications.parliament.uk/pa/cm201719/cmselect/cmenvaud/1952/report-files/195204.htm

28 同上。

第二章

富貴險中求

小網紅雪瑞絲．玫西（Cherrise Massie）還算不上名人，不過她正在朝這個方向努力。雪瑞絲跟我約在曼徹斯特（Manchester）一家「聲名遠播」的旅館，裡頭客房是不少成人片的首選拍攝場景。雪瑞絲現在二十三歲，是兩個孩子的媽。訪問時，她問我要不要看她的胸部，「好啊」。幾週前，英國政府鬆口解除首次封城禁令，雪瑞絲馬上訂飛機到土耳其伊斯坦堡做隆乳和豐臀，希望進廠維修後可以更接近心目中的理想身材。現在距離手術一段時間了，談到術後狀況簡直慘不忍睹。此刻雪瑞絲半邊乳房中間有一道開放性傷口，正常情況下那個位置應該是乳頭。「搞不好明天我起床，這邊的奶就爛死、掉下來了，」她一臉認真地分析，「好可怕，這個味道不對勁，根本是腐肉。」

雪瑞絲說高不高、說矮不矮，有著一身棕褐膚色和一頭長黑辮髮。她的五官和牙齒彷彿套了IG濾鏡，事實上，確實如此。「去年IG推出幾款美顏濾鏡，可以修飾鼻子和下巴，還可以讓嘴唇看上去更豐滿。所以我去找了之前幫我打填充物的人，跟她說要變成那樣，這樣以後就不用搞濾鏡了，」她沾沾自喜地說，「現在，自拍開不開特效都沒差了。」雪瑞絲十八歲第一次接觸醫美，之後整型就跟喝白開水一樣。她做過全身抽脂、自體脂肪移植、瓷牙貼片和巴西豐臀（Brazilian Butt Lift）。巴西豐臀是把患者看不順眼的腰部或腹部脂肪抽出來注射到臀部，如此一來屁股就會像氣球一樣鼓起來。巴西豐臀出了名的凶險，是所有整型手術中致死率最高的，人們之所以對它趨之若鶩都得歸功於金．卡戴珊。[29]

網紅經濟戰中，長相就是貨幣，輸贏勝負則取決於演算法和修圖軟體。由於性感美照有助於增加追蹤數換取實際利益，所以越來越多年輕人，尤其女性，借助醫美改頭換貌，實現登上熱門的美夢。「我想要前凸後翹、腰瘦屁股大，像卡戴珊一樣的美胸、蜜桃臀。」雪瑞絲說，「要是有人人稱羨的身材外貌，服飾品牌、健身房……各式各樣的合作就會源源不絕，這就是商機。我跟我爸媽

---

29 https://baaps.org.uk/about/news/1630/the_bottom_line/

說過，他們只會說『妳為什麼一直整型？』我說這是『投資自己的未來』，但他們根本不懂。」

至於懂得這番道理的「內行人」，則將雪瑞絲這種年輕女性視為免費廣告看板。有些國家對醫美產業的監管力道不足，譬如土耳其，導致速成診所如雨後春筍般出現在坊間市場。這些業者會在IG大肆推銷整型手術，而且執刀醫師通常是沒有經過正式受聘的特約醫師，至於患者則多半來自更富裕的國家。說穿了，速成診所的好處就是費用相對低廉，對這些從西歐地區來的女生而言，比起在國內動手術，出國整型更划算。恐怖的是，速成診所專找來路不明的醫師，一旦患者有個三長兩短，診所根本無法提供術後照護，嚴重的話還會危及患者的生命安全。然而，潛在消費者大多只看得到整型成功的案例，對於失敗的風險一無所知。事實上，英國政府對醫美廣告的法令規範相當嚴謹，無奈天高皇帝遠，國內主管機關畢竟管不到發生在海外的醫療糾紛。

雪瑞絲找的伊斯坦堡整型診所在IG上有一堆性感女模背書，其中不乏雪瑞絲認識的人。婀魯帕醫美（Avrupamed）是其中一家內行業者，專挑想紅的小模互利互惠，一開始先邀請她們體驗消費，事成後就要她們幫忙打廣告。這間診所的地下生意熱絡，主要客戶是來自英國、瑞典、法國和德國的嫩妹，她們來去一陣風，往往不會注意到幫自己動刀的醫師是何許人也。婀魯帕醫美的IG充斥年輕胴體的術前術後照，手術檯上的患者彷彿砧板上任人宰割的生肉。我最後一次確認婀魯帕醫美的IG追蹤數，已經超過六萬人。雪瑞絲告訴我，婀魯帕給了她骨折價，因為她的社群平台上有一小群跟她一樣的嫩妹。

雪瑞絲到伊斯坦堡做術前諮詢當天便立馬動刀，幾乎省去了來回溝通的時間，這對習慣先擬定周全計畫的英美診所來說簡直天方夜譚。果不其然，手術徹底搞砸了。醫師誤將臀部植入物植入胸部，導致身體產生排斥反應。不過這還不是最糟的。手術前後持續九個小時，期間她的血氧嚴重下降，後來大量失血。不過術後僅僅四天，診所就通知她可以出院了。雪瑞絲回國後，身體狀況急轉直下，最後還被送進醫院。醫生推測她在國外動手術時產生血栓，沒有獲得及時處理導致患部嚴重感染，細胞不斷壞死的情況下，乳房組織便逐漸潰爛。

之後我試圖聯繫婀魯帕取得說法，發言人的回應相當傲慢粗暴。他們指控雪瑞絲想紅想瘋了，而且顯然不在乎回應內容，回覆信件裡錯字連篇。他們再三怒罵雪瑞絲「只想詐財」，彷彿我沒親眼看到那半邊乳房流出令人作嘔的膿汁。除了雪瑞絲，我還找了一名四十多歲的苦主，她親口證實婀魯帕對於上門消費的女性客戶有多麼惡劣。當時她回國後被醫生診斷肋骨斷裂，起因疑似是心肺復甦術所導致。就連她的家庭醫師也說她搞不好當下根本死了，執刀醫師才會直接在手術檯上施行心肺復甦。[30]要是家醫的看法沒錯，那就表示婀魯帕向患者隱瞞術中突發的重大事件。

30 https://www.dailymail.co.uk/news/article-8952335/British-office-worker-47-died-having-4-300-boob-job-Turkey-secretly-resuscitated.html

妳搏翻身，他賺錢

YT頻道主奈拉．蘿思（Nella Rose）是Fashion Nova旗下別具一格的新寵兒。今年二十二歲的奈拉和該品牌的其他IG小模迥然不同，憑藉極具個人特色的真性情闖出名堂，成功俘虜一大票鐵粉。其實，奈拉從大學就開始經營頻道，最早的影片都是在宿舍拍的，而對於性愛、飲食和娛樂八卦有一套獨到見解的她，深受英國都市地區的非裔女大生喜愛。這群青春正盛的粉絲一邊看影片，一邊跟隨奈拉的喜怒哀樂，開心的時候一起開懷大笑，難過的時候一同放聲大哭，因為她們不僅年齡相仿，而且都出身自非裔族群的大熔爐。她們同樣喜愛西非節拍樂（West African Afrobeat）、黑人嘻哈、牙買加雷鬼舞蹈（dancehall），以及非洲搖擺（Afroswing），也就是融合前三種元素再加倫敦口音的新潮樂風。這些受過高等教育的年輕女性正是數位內容的最大受眾，只不過以往的主流電視媒體鮮少代表甚或迎合她們的喜好。反觀YT則有如一片新天地，其中不乏像奈拉這樣的鄰家大姊兼閨蜜，帶給她們前所未有的共鳴。奈拉的一字一句都戳中她們的心思，舉手投足更充滿自信，還會大方分享自身的困境。許多影片都可以看到她表現一貫的開朗，侃侃而談接納身材的心路歷程，尤其現代社會的畸形審美對女性帶來的壓力不言而喻，她的路人身型反倒給了觀眾一種寬慰，這也是她吸粉的原因之一。

奈拉也許不像金．卡戴珊一樣有名，可是對商業品牌來說，他們瞄準的是奈拉麾下的年輕女粉，所以只要有足夠的觀眾群願意買單，她就有投資的價值，比如蛋白質世界贊助她拍攝如何減重的影片，Fashion Nova 也請她業配品牌的大尺碼系列。奈拉時常拍攝自己試穿設計新奇的 Fashion Nova 服飾，並拍照上傳 IG 和 YT，每則貼文底下往往都是一片讚聲，私訊、小盒子更不用說，自然也被廣大粉絲和各路廠商灌爆。有一次，奈拉發了自己試穿 Fashion Nova 緊身黑洋裝的貼文，隨後竟收到一條讓她大翻白眼的私訊：「要是做了巴西豐臀，那件洋裝穿在妳身上會更好看！妳不覺得嗎？」這封私訊來自惡名昭彰的整型診所——客臨匯醫美中心（Clinichub）。

客臨匯是短時間內蹦現在市場上的整型診所，它的營運模式和婀魯帕一模模一樣樣。說到底，也就只有社群媒體大行其道的時代，才有速成診所苟且偷安的機會。客臨匯的創辦人伊伯罕．庫祖（Ibrahim Kuzu）是一名連續創業家（serial entrepreneur），出生在土耳其的他目前住在倫敦。光是過去十幾年，庫祖就創立了十家公司，現年四十歲的他在成立客臨匯以前開過餐廳、汽車廠和投資事務所，現在通通收起來了。總而言之，庫祖稱得上是創業老江湖了。不過，真正讓他發大財的，其實是渴望利用火辣身材在社群一戰成名的底層網紅。

庫祖的過人之處在於相中非裔素人網紅代表的市場，無所不用其極地假手「她」人推銷整型手術。他提出互利互惠的合作模式：客臨匯負責提供免費手術，請約聘醫師幫網紅整型；反過來，網紅要幫忙宣傳手術很成功，並且將身材自信歸功於診所。甚至有網紅聲稱整個過程都是自掏腰包。互利互惠的誘人交易確實打動許多微型網紅，她們不光發文大讚診所好棒棒，還把危險的手術捧成一種自我蛻變的方式，繼而吸引越來越多小女生前仆後繼。

我追蹤一個女生超過一年，後來總算訪問到她——喬妲（Jordanne）。當年喬妲二十歲，身高一百八十六公分，有一雙綠色瞳孔和一頭卷髮，她從小就知道自己長得不錯，步入少女時期後出落得更加標緻，可說是回頭率滿分的大正妹。十五歲時，喬妲用社群帳號不過是發發自拍照就有一萬五千人追蹤，可惜帳號被盜了，之後她一直設法培養追蹤數。「照現在的市場行情，那個帳號絕對可以大賺一筆，想到這個就覺得很煩，」她說。喬妲的人生經歷和雪瑞絲如出一轍。她是混血兒，生長在藍領家庭，住在乏人問津的北倫敦近郊；十六歲畢業就出去找工作了，反觀同齡友人則繼續上大學。「我媽的薪水勉強打平，我從小不知道什麼是零用錢。中學畢業以後，她就希望我去當學徒補貼家計。」

問題是現代學徒制的薪水少得可憐，而且根本沒什麼前途可言，只有英國政客才會高呼學徒制有得吃又有得拿。不少案例是企業打著學徒制合法支付低於最低薪資的工錢，同時讓學徒承擔極其龐大的工作量。後來喬妲找了一家小型清潔公司，裡頭大概才六名員工，除了自己的工作以外還有一堆分外事等著她，就連超時工作也沒有加班費。最後喬妲幹不下去便走人了，可是學歷不高的她實在不知道下一步怎麼走。二十歲這年，她發現自己懷了兩個孩子，一下子成了單親媽媽，還要擔心工作沒個著落。

「我也想回學校讀書，可是不知道讀什麼好。我只是覺得沒個文憑就只能被工作挑，能拿多少錢、能不能出人頭地都很難說……還是有很多人熬出頭啦，可是真的很難，而且要有一點人脈……大概還要再五年，等小孩上小學了，我可能考慮讀個在職專班。就算是這樣，我還是得先拿到普通教育高級程度證書，不然都是說心酸的。」

喬姮才剛步入二十，隨即陷入單親媽媽和前途徬徨的雙重困境。此時她注意到一種專靠博眼球賺錢的行業——YT 頻道主或 IG 網紅。「這是一塊大餅，要是我能一邊在家帶小孩、一邊賺錢，那要我幹嘛都行。」她說。

談到有機會幫網路快時尚品牌業配衣服，喬姮一臉眉飛色舞，「Pretty Little Thing、Boohoo、Fashion Nova……那些大牌子對模特有一定標準，都是偏潑辣的形象，所以才會一堆妹子跑去多明尼加（Dominican Republic）動手術。」喬姮特地下載修圖軟體，想看自己縮腰、加寬臀部和體型會變怎樣。她天生就是筆直挺拔的運動員身材，可是她泡在網路社群的時間越長就越想改變身型，藉此一舉翻身，擠進網紅行列。

喬姮在網上爬文找巴西翹臀時，意外在 YT 找到一個頗有爭議的小網紅分享手術經驗。藝名芮妮．R．妃比樂絲（Renee R Fabulous）的頻道主是個大嗓門，一個人就能嘰哩呱啦吵個不停，而且「齣頭很多」。她以前是客房清潔員，因為工資低到幹不下去，索性改行轉攻 YT 市場。為了增加訂閱和追蹤數，芮妮常常精心杜撰被乾爹包養的故事，不過最有感的漲粉方式還是和同業對手嗆聲、打架的戲碼。芮妮到處惹事生非，順利成了當地黑人部落客最感興趣的八卦對象，這道伎倆更成功引來 Fashion Nova 的關注，讓她一舉成為大小姐系列（Curve）的付費代言人。芮妮的影片就像自導自演版的實境秀《Love & Hip Hop》，一人分飾多角，一下製造高潮迭起的衝突場面，一下自吹自擂口袋多深。

之後，芮妮一連上傳了好幾支看似毫無保留的新影片，畫面裡的她身型有了一百八十度轉變，而標題不外乎是「我的巴西翹臀大公開」、「超詳盡手術全紀錄」、「所有妳需要知道的事」。影片中的她自始至終沒有表明自己是診所代言人，也沒說自己答應幫診所招攬年輕客人換取免費手術，她就這樣向包括喬妲在內的成千上萬名觀眾大力推薦客臨匯。

「整」到妳了

隨著整型文化日益盛行，社交媒體也出現許多怪象，最詭異的莫過於特地建立匿名帳號表達對醫美名師和手術的癡迷。這些帳號的主人大多是年輕女性，有的還是青少女，有的才二十出頭。這些女生在IG追蹤一堆女模，而且不時轉發模特照片，或私訊整型醫師看能不能以模特為範本幫自己加工一下。她們不光崇拜整型醫師，甚至自稱是醫師的「真人玩偶」（doll）。客臨匯的招牌醫師名叫富魯坎．吉泰爾（Furkan Certel），IG追蹤數超過三萬五千人。這些女生的帳號名稱大抵離不開診所名或醫師名，比如@clinichub.babe、@luchiedolly和@Furkansbldoll。她們不會秀出本名，可是其中一個人你已經認識了，@Furkansbldoll是個二十歲的整型狂，她不是別人，正是喬妲。

二〇一九年五月，喬妲成為客臨匯的客人。「我做了三百六十度抽脂和巴西豐臀，只抽了腰側、腹部和後背的贅肉，大部分都回填到我的臀部了。」巴西豐臀的手術過程複雜，術後變形和死亡的機率非常高。身體恢復期最長要六個月，心理壓力則會持續更久。當時喬妲選了一種比較溫和的豐臀術，簡稱「微巴西提臀」（light Brazilian Butt Lift）。醫師依照她筆直的身型雕塑髖部形狀，接著再植入脂肪補強臀部體積。微巴西提臀的效果相對微妙，不像正規的豐臀術把大屁股裝在竹竿腳上面，看起來莫名地不成比例。

喬妲在IG記錄自己術後的恢復過程，更不忘提醒粉絲訂閱新創的YT頻道。從貼文照片不難看出喬妲的身材確實不一樣了，可是才剛動刀的痕跡依舊明顯。不過由於患部回填的脂肪經過精雕，所以有點腫脹也屬正常。只是喬妲還沒辦法完全恢復日常活動，她必須二十四小時穿著術後壓力衣。她很懷念一屁股坐下的感覺，而且這段時間也不大能跟小孩玩。雖然身體有點僵硬不聽使喚，但喬妲一開始還很開心。「我解鎖標準的IG模特身材了，」她在貼文下附上一枚微笑的表情符號。「我來的時候是台冰箱，回家的時候是凱莉．珍娜。」當時在土耳其，喬妲深深感謝客臨匯為她開闢了嶄新的生命方向。

但是，喬妲的幸福是會痛的。手術過後，她一直覺得患部奇癢難耐，而且開始便秘，情緒像坐雲霄飛車一樣，起起伏伏相當不穩定。「看著腫脹的部位，我都會想『為什麼要自找麻煩？』心裡越來越焦慮，甚至到足不出戶的地步……昨天，小兒子一頭撞上我的屁股，那裡好像微微凹下去。我不知道到底是只有我看得出來，還是我真的想太多。」

喬妲會在真人玩偶的圈子裡發一些言不及義的牢騷。其實，圈裡的人常常公開自己的手術日期，希望可以藉此找到旅伴，在一樣的時間一起去土耳其動一樣的手術。事成之後，她們會互傳成果照，彷彿將彼此當作閨蜜，掏心掏肺地交流心得。這個圈子表面看來安全無虞，姊妹們可以放心從自己人身上了解大手術的細節，然而，所謂的自己人實際上都在避重就輕和撒謊。

這些真人玩偶私下對術後成果抱怨連連，到了網路社群又說起另一套故事，結果就是耳根子軟的粉絲對客臨匯一再搞砸手術的事一無所知。任何醫療行為確實都具備一定風險，可是企圖借助劇烈手段來達成不切實際的理想，風險勢必會大大增加。這個圈子裡的年輕女孩選擇隱瞞追蹤者，甚至誤導自己的朋友。

露絲．弗兒（Ruth Fluer）是等待成名的YT頻道主，她做完巴西豐臀回到倫敦家中幾週後，填入臀部的脂肪居然滲出來，表示身體排斥植入物，因而潰爛到從皮膚毛孔外漏。這種結果並非罕見，畢竟這項手術的終極目標就是硬逼身體騰出空間，好讓外來脂肪可以待在不屬於它的地方。最後，露絲屁股爛出一個拳頭大小的傷口。事情還沒完，她跟我說手術部位出現感染導致身體狀況雪上加霜，現在她已經住進醫院了。事已至此，她依舊在IG曬出一張幸福快樂的自拍照，也沒有馬上警告其他玩偶可能會遭遇的手術後遺症。

客臨匯代言人芮妮的狀況同樣慘不忍睹。她在客臨匯進行第二次巴西豐臀不久後，術後照便被秀在診所IG上，明眼人都看得出來臀部和整體身型嚴重不成比例。她起先隱瞞了術後損傷的程度，最後照片外流，瞞不下去了才坦承手術確實危害到身體健康。二〇二一年，她公開表示自己在客臨匯做過三次手術都失敗了，並向追蹤者道歉，「對所有看了我分享而去動手術的人，我想說我真的非常抱歉。」[31]

31 https://www.bbc.co.uk/news/av/health-55596969

不止雪瑞絲，另一名真人玩偶在客臨匯做完隆乳後，乳頭也是爛掉脫落，留下一道血盆大口，而實際照片就跟文字一樣怵目驚心。來自考文垂（Coventry）的護理系學生安娜麗斯（Annalise）也是圈裡的玩偶，她在客臨匯做完巴西豐臀後，手術部位非但燒傷還變形，一邊翹一邊塌。她甚至得了術後憂鬱症，整個人都精神崩潰了。

然而，出於不得已的苦衷，沒有一個女孩膽敢揭露自身慘況。「我是不老實，我是不快樂，」安娜麗斯說，「但這些我都吞下來了。」她沒錢動第二次刀，只能暗自妄想客臨匯願意做免費的修復手術，而露絲也同樣身不由己。安娜麗斯知道不少整型失敗的女生之所以不敢公開，一方面是怕丟臉，另一方面是希望有機會修復，甚至有的是沒當上診所代言人不罷休。在她看來，圈裡人都是騙好騙滿，絕口不提手術的實際風險。過去，風險告知一直是整型手術的必要條件，直到速成診所搭上社群崛起以後，不良業者開始明目張膽地違背英國廣告標準局（Advertising Standards Authority）的指引，假借底層網紅之手在社群媒體大肆推銷，將醫美整型偽造成平凡無奇且零風險的尋常手術。

經驗分享、代客諮詢，以及趨之若鶩的肥羊們……

我和客臨匯老闆伊伯罕．庫祖約在我的主場，第四頻道新聞台（Channel 4 News）辦公室。當時客臨匯的生意絡繹不絕，各式各樣的手術已經排到六個月後，難怪他一臉春風得意。認識不到五分鐘，庫祖已經上下打量了我好幾次，似乎想盡可能揪出缺陷或看不順眼的地方。我這頭極力說服他同意讓我觀摩手術，他那頭竭力勸說我當診所男模，甚至開出免費手術作為報酬，從增大陰莖到調整髮際線再到移除男性乳房組織，只要敢開口，要什麼都可以到手。對庫祖來說，越多男人在社群平台分享經驗，越能打破男性對整型的忌諱，進而衝一波診所業績。他簡單講完診所目前的業務強度後，又開始滔滔不絕地鼓勵我動手術升級一下，甚至告訴我這樣有助於增加IG追蹤數。作為一個年過三十的男人，我對自己的外表還算有把握，可是我不禁想，那些十幾二十出頭、沒主見的年輕人呢？面對這種強硬的推銷，他們抵擋得住嗎？

至少，庫祖的咄咄逼人是明著來，至於他的診所和不計其數的同業就沒那麼簡單了。這些速成診所早就學聰明了——讓底層網紅來代勞才能把生意做大。諸如雪瑞絲的底層網紅，追蹤數約莫落在一萬上下，有的甚至遠不到這個數字，不過她們都有自己的圈子，圈子裡的年輕女孩往往對貼文內容照單全收，壓根不曉得這是假推薦真業配。

二十六歲的雅思敏（Yasmin）是客臨匯對手——光譜醫美（暫譯：Spectra）的代言人。這個出身東倫敦的年輕女孩跟我說整型手術改變了她的一生。「我做過兩次抽脂、兩次脂肪移植，一次是為了巴西豐臀。我也有隆乳……就用填充物。抽過腹部和手臂這些地方。」她停了一下又說，「天知道我做過幾次抽脂，現在也才做完豐唇！」只要哪個部位腫了點，雅思敏就會手刀預約醫師。

雅思敏在 IG 全面入侵人類生活以前就相當自卑。她未成年離家住進廉價旅社，和男友一直分分合合，後來發現他偷吃才死心斷乾淨。「我以前超討厭自己的身體，一度因為這樣開始吃抗憂鬱藥。當時談的感情也很不健康，我覺得自己在關係裡超卑微，根本配不上對方。有一次在大學學校裡和兩個女生擦身而過，我目測她們頂多穿 M 號的瞬間大爆哭，打電話給朋友，她完全黑人問號。我那時候看每個人都覺得她們很瘦，整個人徹底崩潰。」

雅思敏後來把學貸拿去做第一次手術，接著開始在 Snapchat 發影片。「我剛動完手術，完全沒穿衣服就一直自拍發在 Snapchat，超多人來看。所以我就去註冊其他社群帳號，IG、推特之類的，順便跟大家說我要做 YT。」雅思敏的頻道名稱是「Yasmin Pinkk」，人設靈感來自頂尖嘻哈歌手妮姬米娜（Nicki Minaj）的首張錄音室專輯《粉紅星期五》（Pink Friday）。妮姬米娜本身就進場維修過很多次，是最早開始鼓吹豐臀身型的明星之一，時間點約莫是雅思敏創立 YT 頻道那時。

雅思敏的頻道都在分享整型經驗，訂閱數低於一千，最高觀看次數也不到八千次，在 YT 界不算有名，頂多是微型網紅。可是這個頻道的受眾正好是客臨匯、婀魯帕和光譜極力吸引的消費群，而雅思敏這類女生則是他們招募客人最有效的人頭。「兩年前，我根本不知道有這麼多女生想整型。」雅思敏說，「她們需要有人推一把，只是這個人不能是大咖人物。」

雅思敏認為重量級網紅說的話沒人相信，要像她一樣的小咖，消費者才信得過、有共鳴，對廠商來說才有商業價值。雅思敏的頻道在英國有一票非裔女粉，光靠她一個人的影片就撐起光譜醫美的社群門面。「她們要的是跟素人一樣的女生，但是默默無名的素人蹭不到流量，素人要站出來講才行。」雅思敏站了出來，換回土耳其整型診所付費代言人的報酬。

「後來他們發現我拍影片分享整型蠻有用的，我們就開始談我派得上用場的地方。」這類新時代的商業交易在雅思敏口中宛如慈善事業。她在影片資訊欄寫到：「片中醫師同意我將他的聯絡方式提供給觀眾，有興趣的人請點擊我任何一個社群帳號。讓我們一起圓夢吧！」雅思敏豈止是轉介窗口，她甚至表示和光譜有簽合約。「要我幫忙推就不能跟我收錢吧，雙方有這個共識就夠了。我在光譜做了豐唇，他們沒跟我要一毛錢。我從來不用擔心飛機票，就連住宿也一樣，他們答應讓我免費住在診所裡！」

互利互惠的交易對光譜來說穩賺不賠。據雅思敏估計，光是二〇一九年，她就代表光譜和三十個女生談過，這還沒算上她身邊的親朋好友。「一開始不知道怎麼跟醫生接洽的會先來找我探聽。後來我甚至連手術諮詢都包，有時候她們的問題根本用不著醫師，我也能回答，尤其是我自己做過的項目。」

光譜對雅思敏開出獎勵機制使得雙方形成利害關係，那麼雅思敏站在推薦立場就會產生利益衝突，如此一來，追蹤者就不大可能從術後分享了解手術風險或負面影響。另一方面，雅思敏不但高談闊論整型後的自信心大增，更拚命吹捧這副可口可樂玻璃瓶身材帶來源源不絕的合作商機。「就說 Fashion Nova 或 Pretty Little Thing 好了，認真沒在開玩笑，你看他們用的模特兒！我原本心裡都在想『最好是穿在我身上也這麼辣』，然後你就會往心去。你開始注意到時尚品牌會給這種身材的女模公關品，這些女的再利用品牌名氣增加 IG 粉絲。我會知道是因為我去年很努力經營帳號，我發現巴西豐臀這招真的很有用……這週光是有的沒的整型邀約就一大堆，什麼『我們會免費幫您種睫毛』……超瘋的，說到底都是社群媒體的產物。」雅思敏說。

雅思敏靠著整型手術打進品牌代言人的圈子，更進一步獲得廣大社群的關注。她一臉感恩地說：「我的 IG 追蹤數直線上升，還受邀上 Podcast 節目和各式各樣的訪談。YT 訂閱數也暴增，走在路上還會被認出來。」同時，她強調網紅經濟是帶動醫美觀光蓬勃發展的一大功臣。不過身在其中的雅思敏對於社群也有自己的顧慮，她擔心特效濾鏡打造出來的逆天顏值會讓人越陷越深，而且現在來找她諮詢的人年紀越來越輕。

「主要都來自社群媒體，不管是修圖軟體，還是網紅小模。這就是問題根源，尤其是美國女生。我們做的手術是一種趨勢沒錯，但在英國還稱不上是潮流，可是在美國就很盛行了。在美國整型很方便，甚至你知道的，非法臀部注射、臀部移植……隨便你想得到的都有。之後臉書被 IG 超車……

這些女的就改從 IG 找整型靈感。」雅思敏似乎沒有意識到自己也是「這些女的」的其中一個。最差勁的是，她非常積極安排諮詢，進而多賺點協商待遇的籌碼。

網際網路理應是資訊傳播民主化的利器，更是個別消費者獨立發聲的管道，從而驅使公司企業更加公開透明。然而，醫美業者和社群用戶裡應外合的獎勵機制輕而易舉地破壞了這套系統的價值，儼然是社群時代完美的反例。幾個月後，我再度聯繫喬妲。我一直在線上關注她的生活，發現她有了很大的轉變。現在二十一歲的喬妲和伴侶分開了，正在探索自己的性取向，並且考慮再做一次臀部移植。另外，她不願意再接受訪問，因為她不確定自己做巴西豐臀這類手術是否能給人正面印象，至少她是這樣跟我說。說到底，喬妲依舊是那個耳根子軟的年輕女孩。

現代青少年少女和年輕人，無論出生在哪裡，都是在難以負荷的壓力中成長。社群平台上的他們在陌生人面前無所遁形，現實生活中的朋友又遙不可及，尤其是身處疫情肆虐的時代。對於玩偶圈裡的年輕女孩來說，同齡人的批判遠比歷史上任何同代人還要不留情面。只要身在社群，就逃不過他人目光，即使你人在家裡也一樣。誠如法國哲學家沙特（Jean-Paul Sartre）所言，「他人即地獄」，社群時代的地獄前所未有地接近你我，不僅千變萬化而且業力無邊。

真人玩偶不惜以身試險去整型，只為了替血汗勞工生產出來的仿冒衣服打廣告，以此換取黑心企業的錢。金．卡戴珊將巴西豐臀的審美觀捧成潮流，快時尚品牌接棒將網紅塑造成有利可圖且人人嚮往的商業目標，速成診所則創造互利互惠的獎勵機制，讓渴望成名的底層網紅將侵入性手術塑造成零風險的成名捷徑。如此說來，大眾對整型手術趨之若鶩似乎也不足為奇了。

客臨匯的私訊讓奈拉非常不爽，她截圖公審客臨匯之後，英國國內的黑人青年社群乃至梗圖界幾乎一面倒力挺奈拉，就連客臨匯的客人也對自家診所罵聲連連。隨後客臨匯給出的官方回覆更是謊話連篇。「客臨匯極其重視身體覺知與身體自愛。我們深信任何體型都是完美的，而且會永遠秉持這股精神為客人服務。」要是客臨匯信這套，那打從一開始就不會創業，遑論私訊年輕女孩招攬業配人頭，而且還不止客臨匯這樣幹。如今，新生代女性已然淪為社群平台新生態的頭號肥羊，靠著傳統路數和新興交易出賣自我換取經濟自由。

第三章

數位下海

IG堪稱得天獨厚的情慾市場。推主和抖音用戶靠巧思稱霸螢幕，YT頻道主靠個人特色維持熱度，至於IG網紅則得投其所好、精心包裝自我，以此滿足追蹤者賞玩的慾望。換句話說，IG的崛起全拜性渴望所賜。我朋友阿薩德（Assed）是半島電視台（Al Jazeera）的新聞記者，他健身完的例行公事是自拍六塊肌上傳IG。這個平台鼓吹自我標榜的價值，只要使用者配合遊戲規則曬出養眼照，平台便會以成千上萬的追蹤數作為打賞。如今，爆乳、腹肌加翹臀等於IG必勝公式，連帶打破性工作的既定界限。倘若在社群媒體販賣性魅力是經濟划算的勞動買賣，那麼對於多數人而言，諸如賣裸照、脫衣直播等數位性工作頂多是尋常外快，不摻雜任何道德價值的成分。近年來IG

在世界各國大行其道，一場文化變遷也隨之展開——性工作者紛紛披上追夢人的外衣在社群平台上追名逐利。

前一章的雪瑞絲便遊走在 IG 網紅和性工作者的灰色地帶。她一方面借助社群積極爭取品牌合約，另一方面，定居曼徹斯特的她也在社群上販賣裸照。現在社交軟體普遍都可以綁定銀行帳號，方便使用者打開知名度以後實踐自我商品化。而在平台上，視訊女郎的粉絲往往比肌肉猛男來得多。再者，由於社群名人的地位水漲船高，加之情色平台 OnlyFans、Patreon 等新興平台推波助瀾，性交易的種類也日益多元且興盛，非但少了些汙名化標籤，還多了極其可觀的利益價值。

網路名氣等同源源不絕的機會，足以讓鹹魚翻身盆滿缽滿，這套社群財富密碼的代表人物莫過於從實境秀素人晉升歌壇天后的貝克莉茲．奧曼薩（Belcalis Almánzar），你也許比較熟悉她的藝名——卡蒂 B。這位前脫衣舞孃堪稱現代版加州夢（California Dream）的代表人物[32]，憑藉毫不掩飾的真性情，從脫衣俱樂部殺進富比士排行榜。當年卡蒂 B 靠著社群上的嗆辣人設獲得《Love & Hip Hop》的關注，進而順利出演這檔火紅實境秀。可是區區國內名氣滿足不了這位來自皇后區的拉丁

32 譯註：加州夢意指在新土地快速累積名氣與財富的心理動機，源於一八四九年以降的加州淘金熱現象。

裔女星，因此她開始盤算進軍國際的道路，並以饒舌歌手的身份大肆宣揚性工作翻轉階級的力量，更趕上女性主義商品化捲土重來的順風車，將這套致富法則唱得絲絲入扣。然而，商品化運動背後的信念——任何幫助女人發大財的手段都是賦權的表現——實則有待檢驗。

卡蒂B的派對國歌是鹹魚翻身的女性重製版，歌詞往往描述街頭歌手如何力爭上游，從此擺脫貧民窟過上光鮮亮麗的日子。這位女饒歌手的首張單曲〈Bodak Yellow〉甫一上市即成招牌金曲，甚至沒有大咖客串也能空降美國告示牌百大單曲榜（US Billboard 100）冠軍寶座。「老娘不跳了，我讓鈔票舞。老娘不必跳，我讓鈔票舞」，無疑是整首歌最傳神的金句。繼〈Bodak Yellow〉之後，卡蒂B首張大碟再度空降排行榜，甚至拿下葛萊美（Grammy Award）最佳饒舌專輯。卡蒂B的創作獲封樂壇新潮流，但是骨子裡依舊是嘻哈界那句老話——只有無用之財，沒有不義之財。言下之意，窮鬼百無禁忌，有錢隨心所欲。後嘻哈時代下，萬事萬物可買可賣的道理，毫不令人意外。這套價值觀順勢成為網紅界的至理，網紅則晉升Z世代（Gen Z）首選職業。Z世代專指一九九七年後出生的人，雪瑞絲正是其中一人。

雪瑞絲偶爾會在酬勞不高的嘻哈音樂錄影帶軋一角，而且相當積極爭取品牌合約。除此之外，雪瑞絲常在OnlyFans上傳色情內容。OnlyFans（以下簡稱OF）是名副其實的訂閱制成人網站。二〇二〇年，OF網羅潮流名人與肌肉男模註冊會員而知名度大開，就連卡蒂B都有帳號。同年，卡蒂B和梅根尤物（Megan Thee Stallio）合推單曲〈濕濕小可愛〉（WAP，Wet-Ass Pussy），並將音樂錄影帶的幕後花絮上傳OF。二〇一六年，英國連續創業家提姆．斯托克利（Timothy Stokely）創立OF，提供創作者平台向各類會員分享影音內容。然而，這位年輕創業家本人神秘兮兮，極力避免鎂光燈且行事相當低調，簡直和旗下創作者大相徑庭。斯托克利相中網紅經濟這塊大餅，繼而創辦十八禁平台拓展日益蓬勃的性產業。斯托克利的父親過去任職於英國巴克萊銀行（Barclays Bank）的投資部門，如今則是OF所屬控股集團的董事長。

OF並非斯托克利手上第一個情色網站，然而，獨獨OF讓他身價暴漲，公司甚至有望擠進獨角獸俱樂部。二〇二〇年十一月，OF沒有任何外部投資人，無需外部資金就有本事獲利。OF聲稱支付給創作者的費用高達二十億美元（約台幣六百億元），不過話說回來，平台也向創作者收取二十％的超高佣金。[33]二〇二〇年，網站註冊會員超過八千五百萬人，內容創作者超過四十五萬人，其中百人每年賺進一百多萬美金。[34] OF的情色內容百百種，有的穿著清涼服飾擺出大尺度姿勢自

33 https://www.theinformation.com/articles/onlyfans-chief-talks-sports-ambitions-and-role-of-adult-content-in-site

34 https://www.bloomberg.com/news/articles/2020-12-05/celebrities-like-cardi-b-could-turn-onlyfans-into-a-billion-dollar-media-company

拍，有的專為足癖等特殊癖好的粉絲服務，還有的索性上傳正面全裸照。一位 OF 創作者表示，每個月光販賣艷照就有八十萬英鎊（約台幣三千萬元）入袋。這位受訪者過去是脫衣舞孃，曾經出演實境秀《戀愛島》（Love Island）。至於美國的 Patreon 也類似 OF，只不過前者的創作者背景相對廣泛，藝人、作家和社運人士也會在 Patreon 販賣點子甚至是推文。

性工作向來包山包海，舉凡伴遊地陪、脫衣舞星、視訊女郎和寫真女模，通通都屬於性產業。我剛認識雪瑞絲時，她這四種工作都有接，聽說高級伴遊一個月一萬英鎊（約台幣三十八萬元）不是問題。不過雪瑞絲父母和男友對於她的「斜槓人生」並不知情。雪瑞絲把伴遊視為成名的敲門磚，而非新的事業重心。如今，成為性產業的一份子輕而易舉，不必千里迢迢跑到紐約、倫敦或洛杉磯這種大都市，人在家中坐也能下海賣。

蘇西．麥法登（Suzie McFadden）認為家鄉佩斯利（Paisley）拖住了她的後腿。這裡興許是蘇格蘭（Scotland）數一數二的城鎮，卻容不下一個三十歲女人的抱負。「從年輕到現在，我一直覺得自己一定會幹大事。可是留在這裡……」蘇西打住。無論如何，佩斯利永遠是她的根，經過十年追名逐利的光陰，她依舊回到家鄉與父母同住，儘管她迫不及待重返倫敦。接著她嘆一口氣說，「如果想在業界闖出名堂，想成為圈裡的代表人物，你勢必要待在倫敦。」

蘇西的夙願是成為線下名人。這個來自蘇格蘭的女人既開朗又有魅力，三度南漂倫敦都鎩羽而歸，原因不外乎是生活成本超出負擔。「來你算算看，」她說，「我頭一份在倫敦的工作年薪一萬四千英鎊（約台幣五十三萬元），光是一天伙食費可能就要三十英鎊（約台幣一千一百元），這還只是隨便吃、不上餐廳喔！」後來蘇西靠朋友牽線拿到面試機會，順利進入右翼報社《每日快報》（Daily Express）。這份工作確實讓她在倫敦多待了幾個月，可是她想做的是報社標榜的那種性格小報，不是在辦公室端茶遞水打雜活的編輯小工。

過去十年，蘇西一直往返蘇格蘭、倫敦兩地，接過各式各樣的媒體工作，包括在地方廣播電台輪班報導即時路況，可是這並非她心目中的理想職業。「那時候狀況很不好，整個人心力交瘁。」她悲從中來地說，「我心裡真的過不去，我覺得自己已經用盡全力了，還是不斷被打槍。每次到不同電台面試，口沫橫飛地介紹自己的工作經驗，面試官老是一臉『關我屁事』的樣子。我去蘇格蘭首都電台（Capital Scotland）的晨間節目試播，結果不了了之。我去蘇格蘭之心電台（Heart Scotland）試播也一樣沒下文。最後我忍不住懷疑自己到底哪裡做錯了？」

蘇西自認一事無成而鬱鬱寡歡，最終被診斷罹患憂鬱症，之後便搬回蘇格蘭老家。「我前陣子去看醫生，因為一直很焦慮，而且我的恐慌症時不時就會發作。」當時蘇西將近三十歲，跟家人住在一起，算是這輩子最淡泊名利的階段。即使住家裡，蘇西也習慣滑手機看 IG，觀察素人在這裡為自我開闢的另一片藍海。「我開始正視新媒體的潛力，畢竟我在傳統媒體吃不開。」有別於傳統媒體給人封閉、特權的印象，社群媒體似乎是「用人唯才」，不在乎你的出身背景，只看你有沒有個人特色和耐心，肯熬、熬久了就有回報——假如你什麼都沒有，那麼性魅力無疑是你的最佳利器。

「我十八歲拍了一張上空照，」她說，「我想登上《太陽報》（The Sun）當三版女郎（Page Three Girls）35，每個人都跟我說『妳胸型很好看，應該做做看這行……。』你知道嗎？我這輩子從高中開始，胸部一直很豐滿。畢業紀念冊有一題是誰以後最可能當寫真女星，有人寫我，因為我在別人眼裡就是肉感大奶妹，所以我一路走來都是這樣過的。我試過把『長輩』藏好藏滿，可是最後我發現根本行不通。」

蘇西的 IG 是匿名的，跟一般人的帳號沒兩樣，大多用來記錄生活，比如慶祝節日、喝下午茶和上街血拼，就是一個二十幾歲的普通女生。二十九歲生日那天，蘇西發了一張手拿兩顆螢光粉氣球的照片，下方標籤「祝我生日快樂」（#HBDMe）。當時她已經開設自己的 YT 頻道，偶爾會上傳日常約會的影片，希望可以藉此營利。不過多數影片的觀看都不超過一千次。為了博得廣大社群的關注，蘇西毅然決然轉戰其他線上平台。

她開始在 IG 發佈上空自拍照，搭配色情帳號常見的主題標籤：#BBW（肉感正妹）、#CurvyGirl（腰束奶膨辣妹子）、#Hourglass（前凸後翹）與 #PlusSize（大尺碼）。蘇西會刻意將上身傾向鏡頭，大方露出事業線。底下往往是男人猥褻的留言，但是她通常會回覆，這樣演算法就會加強貼文觸及率，意味著更多使用者將看到這張照片。「這就是滾雪球效應。」她發現藉由這些精心擺拍的露骨照，一天就多了兩千名追蹤者。她試著變換一些花樣，但大抵都離不開一個主題。「你應該猜得到我IG都是奶照吧，」蘇西笑著說。越多人追蹤，她越積極發文，「我身邊的朋友大概都一百二十萬、一百五十萬、兩百萬追蹤數。看到認識的人也在做，感覺就像……一種比賽，實際上這是競爭沒錯，大家都在暗中較勁。」

蘇西一年內將追蹤數從三千衝高到二十五萬；一年後，帳號正式突破五十萬大關。她的後台報告顯示，高達九成五的追蹤者是男性，而主要位置竟出乎意料落在伊拉克首都巴格達。不過蘇西似乎不介意，「我知道現在要引人注意很難，因為大家越來越沒辦法專注。同一時間有成千上萬張照片在社群流竄，有人賞識就大方接受，畢竟注意力就是錢。」自我商品化是使用社群媒體無可避免的現象，這就是蘇西她們主要的收入來源。此外，蘇西不斷標註快時尚品牌，直到獲得廠商青睞便開始有免費的衣服穿。比如 Fashion Nova 送她大尺碼系列的清涼服飾，甚至付錢買業配。今時今日，蘇西已經晉升新寵兒行列，而這只是第一步。「超多內衣品牌聯繫我，公關品拿到手軟。我接到內

---

35 譯註：《太陽報》自一九七〇年起首於第三版刊登全頁的女模上空寫真，隨後報紙銷量翻倍，其他報社紛紛跟進。歷時近四十多年後，如今該報已取消三版女郎的傳統。

衣業配的原因很明顯，因為我的雙峰傲人。我下下禮拜要去西班牙伊比薩島（Ibiza），廠商一直跟我說『可以給妳這些衣服嗎？到時候去海邊玩可以穿』，因為他們知道穿在我身上會有爆多人關注！」

蘇西二十出頭搬到倫敦時繼承了一筆錢，最後全花在日常開銷。她模仿自己父親說話的樣子：「妳很不會想，那些錢就應該拿去買房子。」現在三十歲的她完全同意這番話，所以拚命壯大粉絲群，希望有朝一日不僅把錢賺回來，還要發大財。蘇西的口袋越來越深，她的衣櫃也快爆炸了。至於她的父親則對郵差認識自己女兒感到莫名其妙。蘇西發牢騷說：「我爸根本狀況外，他愛我，但他不了解這個世界。他只會說『為什麼又有一袋東西？』、『妳會不會因為詐騙被抓？』一天到晚都在唸這些。」

用大量衣服圍剿蘇西的廠商並非她最可靠的收入來源，真正養活蘇西的是在網路上對她流口水的癡漢。對於主打女性市場的品牌來說，在以男粉為主的社群業配效果不大，所以蘇西無法比照那些專攻女粉的網紅一樣靠代言維生。這也是 IG 成為墊腳石將蘇西送進 OF 的原因，用一家店來比喻的話，IG 算店面，OF 則是結帳櫃檯。

蘇西起初選擇 OF 和 Patreon 雙管齊下，她說自己壓根沒想到要賣裸照，後來才意識到將過去反感的注意力拿來變現不失為一種賺錢的方法。「我收到一些私訊，『天啊，可以看妳上衣底下的乳頭嗎？』我原本心裡想『嗯……這跟我想的不一樣』，後來開始靠裸照賺錢了，我就想『好吧，沒關係』。後來三不五時就有一大堆人私訊問我，『妳有在用 OF 嗎？』」

一開始看到專業脫星也在用 OF，反而讓蘇西打退堂鼓，轉投向 Patreon。可是在 Patreon 只有狂熱會員願意付費買更赤裸的照片和一對一私訊，後來觀察到許多主流大咖紛紛進軍 OF，蘇西才總算下定決心。蘇西明確表示自己把裸照和十八禁內容分得很清楚，「OF 的內容不是我會放在 IG 的東西，我也不做上空照，只是會特別凸顯某些身體部位而已。」聽說生意最好的時候，每個月會有七十名會員付費解鎖更私密的部位。原先不帶商業目的的照片，現在幫她賺進上千英鎊。蘇西說，「我今年初才在想賺越多越好。現在我三十歲了，終歸想買一棟自己的房子，不想一輩子都當窮光蛋……也想盡力回報爸媽。」

一年之中最忙碌的日子是西洋情人節，Patreon 這天的訂閱人數會暴增，光棍男粉甚至會花錢跟蘇西買情話訊息。「我有個會員稍微有憂鬱傾向，我想如果跟他講些什麼，說不定可以鼓勵到他。」蘇西不光出售軟性色情內容，還加碼情感關懷服務。

中度性工作（moderate sex work）的本質變得極其保險且不費吹灰之力，不少類似蘇西的年輕女性都是誤打誤撞才下海販賣清涼照，和空虛寂寞冷的粉絲虛構一種情侶間的親密感。網路時代的弔詭之處在於，你我在社群上前所未有地接近卻又前所未有地孤獨，而正是這份「身處人群依舊寂寞」的空虛感，驅使蘇西的生意蒸蒸日上。假如你是邊緣男，只要願意掏錢就有女人會注意你，附加上空照幫你打發時間。蘇西過去為《每日快報》工作，當時報社的老闆是英國富豪理查．戴斯蒙（Richard Desmond），他曾經出版色情雜誌，利用無數青春少女的胴體賺進數十億美元。如今，千禧女性和時下少女總算能自營自銷，擺脫一把年紀的掮客（雖然 OF 老闆可能不認同這句話）。

蘇西預估旺季收入上看四千英鎊（約台幣十五萬元），不過數錢數到手軟固然很爽，但這不是她打算過的生活。蘇西深受金．卡戴珊和前三版女郎凱蒂．普萊斯（Katie Price）的啟發。凱蒂參加電視實境秀《我是名人，救我出去》（I'm a Celebrity ... Get Me Out of Here）後廣受歡迎。蘇西認為，「觀眾看完都愛上凱蒂了，她簡直換了一個形象。我想說的是，每個人都可以改變，只是一開始需要有個基礎才能支持自己走下去。」金和凱蒂將自己重新包裝為名模母親，有著女性喜愛的家庭婦女形象。蘇西堅持向她們看齊。

許多模特兒打著「身體自信」的旗幟招兵買馬，可是這四個字對蘇西來說，對出賣身體的女人來說，實際上帶有一種道德目的。用蘇西的原話，她知道自己「不是瘦子」，她能體會在網路上被人羞辱身材的挫敗感。蘇西也在 IG 自介標榜「身體自信倡議人士」，跟其他急於提升知名度的小模一樣，藉此加入橫掃社群的新興女性運動，再拉一波追蹤數。唯一不同的是，蘇西大方承認自己的頭號目標是財富和關注。話說回來，出於清涼照以外的因素受到喜愛，倒是讓蘇西頗樂在其中就是了。

「我原本自介欄有放倡議身體自信，後來拿掉了，因為……我是希望所有人都可以接受真實的自己，可是我覺得那個頭銜不適合我。」我問她為什麼一開始要放？「這是所有大尺碼女孩的特權啊！」她回答，「我希望別人看到我覺得很勵志，我知道你沒被鼓勵到！」勵志的形象很重要嗎？我蠻訝異蘇西有這種想法，但回過頭來，我們也會在社群精心塑造自己的形象，只為了給人聰明或有趣的印象，這兩件事沒有不同。

拿掉「身體自信倡議人士」後，蘇西更新了自介，現在她標榜自己是「數位創業家」。「創業家」的確是討喜的稱號，尤其在社群世界裡，諸如伊隆．馬斯克（Elon Musk）和理查．布蘭森（Richard Branson）這類成功的生意人往往被拱為男神。政客和流行文化習慣將創業與英雄主義掛鉤，而蘇西渴望利用社群賦予的事業女性頭銜來博得相同聲望，畢竟現代性工作也是一種網紅生意。

女性賦權，卻幫男性數鈔票？

女性的工作樣貌受到網路影響而出現許多可能性。倫敦網紅經紀公司「數位之聲」（Digital Voices）負責人，珍妮佛．奎格利瓊斯（Jennifer Quigley-Jones）談到，「女性網紅的人數相對男性多，酬勞也相對男性高，因為業內女性的工作通常更偏商業性質，純粹講商業宣傳，比方時尚和美容產業。」然而，這些商業產業和網紅一搭一唱的場面，變相加速社群性產業蓬勃發展，誤導像雪瑞絲的年輕女生將線上性工作視為更上層樓的墊腳石，因而前仆後繼地下海討生活。

蘇西不認為販賣露骨照算性工作，這只是在其他事業起飛前，臨時在線上賺錢的法子。對她來說，這是數位創業，是女性賦權。話雖如此，她眼裡賦予年輕女性自主權的科技，尤其她們使用的主要平台，諸如 OF、Patreon 甚至 IG 都是由男性創辦，而他們創辦的這些平台一手造就了如今光怪陸離的剝削亂象。

自稱「Rae C Story」的匿名部落客過去是性工作者，她描述這股新興氛圍是「雄性慾望的主場被曲解成藉由曝光度、生產製造與品牌實現的女性賦權。」[36] 許多男人經營的黑心公司，在 IG 大規模搜羅帶有 #Curvy（腰束奶膨）等標籤的女性自拍，並且非法發佈在色情網站營利。蘇西也是受害者之一，她發現照片被盜用時，氣得拍影片要求對方公司撤下未經同意使用的照片。女人當然有權按照自我意志使用網路社群，然而大多時候，網路並非你我想像的安全無虞，即使它賦予女性更多自主權，因而被譽為可以安心從事性工作的場域。

中度性工作儼然是通往代言和名氣路上的合法中繼站。網紅文化造就了 OF 和 IG 上的性工作，使得數位下海逐漸成為中產階級工作。性工作確實令不少年輕女生致富而有餘裕發展理想事業，然而，在這場「肉搏戰」中，輸了不稀奇，贏了才奇怪。

對蘇西和雪瑞絲來說，數位下海也許是輕鬆錢，不過根據 Rae C 的說法，偽裝性感形象所衍生的情緒勞動極其累人。「我們表演自己幸福的樣子，一方面扮演吸收男人即刻慾望的海綿，是有能力的、火辣的且自在的；另一方面，我們硬生生將心裡的疾病和折磨塞進不為人知的角落。這些年來，我認識不少女生出現心理和情緒上的疾病、癮症或傾向，這些病根早就種在心裡，直到現在才真正爆發。」這段話一直在我心中揮之不去，年輕男女鎮日在網上摸索自銷自賣的門路，而且一種比一種曖昧不明時，網紅文化實際上付出的代價是什麼？今時今日，數位性工作急速崛起，背後的代價卻尚未被真正估量，甚至在網紅文化裡僅代表一種市場消費的方式。再者，相對於其他產業的勞工，網紅沒有真正的匿名性可言，網紅唯一打卡下班的方式是登出，這在社群世界無疑是不可能的任務——社群既是我們工作的地方，更是我們社交的場域。除此之外，作為一種職業，網紅必須時刻管理自我情緒和表達，這種情緒勞動將永無止境。

---

36 https://thefword.org.uk/2016/04/middle-classing/

第四章

看鏡頭，笑一個（或打一架）

社群媒體當道的時代，得關注者得天下，好奇眼球經濟如何扭曲人性嗎？不妨親自走一趟美國影視文化的重鎮——加州。爭名、奪利、搶粉絲是加州固有的特色，在社群媒體的助攻下，這種加州式生存之道日漸走向極端，更在日益盛行的生活實況類「IRL」（in real life）直播中展現得淋漓盡致。有別於IG網紅喬妝容、套濾鏡，精心營造遙不可及的審美觀，IRL實況主二十四小時全年無休放送自己的日常，非但用不著任何濾鏡，還賣力邀請觀眾即時鎖定。有時候甚至拱手交出主導權，任憑觀眾對自己的人生發號施令。聽起來也許沒什麼大不了，然而，為了博取關注變現，某些實況主甚至會做出近乎違法、背德的行為。此時此刻，社群媒體日漸吸引使用者的關鍵在於，要是獲得關注就有錢賺，你願不願意做？又甘願做到什麼地步？

新冠來襲前的夏天，為了瞭解眼球經濟的獎賞機制對弱勢族群的影響，我去了一趟洛杉磯，在那裡我認識了艾伯尼瑟．藍寶（Ebenezer Lembe）。艾伯尼瑟以前是流離失所的無家者，現在則靠著在網路上被霸凌維生。艾伯尼瑟是西非移民，有著深色皮膚和中等身高，外表看上去是理平頭的微肌肉男。他喜歡別人叫他 EBZ，發音方式是「E—B—Z」。他之所以來到美國全憑運氣，又或是命中注定，隨你解讀。八〇年代初，艾伯尼瑟出生於喀麥隆（Cameroon），從小住在首都雅溫德（Yaoundé）和杜阿拉（Douala）的交界。杜阿拉作為喀麥隆經濟首都自然名不虛傳，放眼望去是柏油鋪的馬路和有錢人住的別墅豪宅，「杜阿拉的小孩都能上學，長大後努力成為大人物，」艾伯尼瑟說。對多數的中產喀麥隆人來說，律師、醫師、工程師，「師」字輩象徵著職業金飯碗。只不過艾伯尼瑟志不在此，他想成為明星。

艾伯尼瑟沒有父親，母親瑪蒂達（Matilda）靠護理師工作一手將他拉拔長大。他的成長過程深受美國文化影響，喜歡看好萊塢電影，愛聽嘻哈和節奏藍調（R&B），畢生嚮往以創作歌手的身份進軍歌壇。然而，演藝圈有別於一般職場，機會只留給運氣好的人。艾伯尼瑟向來自認是幸運兒，他之所以能移民到美國全因中了綠卡樂透，他甚至不清楚自己有參與抽籤。九〇年代時，瑪蒂達的姊姊在奈及利亞透過系統幫家人申請了移民籤計畫。今時今日，綠卡樂透的中獎率約莫二十五分之一到七十五分之一。37 沒想到，他們克服了機率的難關贏得大獎，艾伯尼瑟便移民美國去。

艾伯尼瑟十八歲移民美國，現年三十七歲，一口標準英文彷若新聞主播或好萊塢演員，不知道還以為他是土生土長的美國人。然而，美國的大環境十分嚴苛，他們對於以任何形式攜家帶眷的移民更是警惕，習慣從發音咬字判別對方是不是外來移民，因此艾伯尼瑟能輕易找到工作，一部分得歸功於地道流利的口條，可是他最大的問題是每份工作都做不久。剛到美國時，他投靠了住在阿拉巴馬州（Alabama）的表親，一家人就窩在狹小的房子。隨後註冊了社區大學主修音樂管理和錄製，自然也逃不過新移民屢見不鮮的窘境。當時艾伯尼瑟被同學排擠，根本交不到朋友。每天時間到了就開車去上學，下課就回家，日復一日過著兩點一線的生活。後來好不容易交到朋友，卻是瑪蒂達不樂見的那種。過去在喀麥隆，艾伯尼瑟上的是私立學校，靠富有的舅舅替他繳學費；到了阿拉巴馬州，認識了一群三流毒販後便不去上學了，成日在街頭鬼混，不是與人吵架口角，就是四處兜售微量毒品，用他自己的話形容是「翹課窮忙」。他自己也說了，去星巴克（Starbucks）工作都好過在街頭遊手好閒，至少不會惹禍上身。

艾伯尼瑟年輕時曾兩次跑給警察追，第一次逃跑成功，第二次失敗被捕。其實移民涉犯毒品罪的風險很大，嚴重的話可能會被遣返。不過他說自己被查獲的量少到可以認吸食而不是意圖供應，所以最後只被判五年緩刑和戒癮治療。原本後果可能不堪設想，只是這次他又僥倖過了一關。

雖然艾伯尼瑟後來有回學校唸書，不過最後還是休學了。他想辦法找了幾份輪班工作，下班回家除了休息就是寫歌和錄音樂，並把自創曲燒成CD分送給附近加油站，希望藉此吸引知音人。「我不是寫歌就是看電視，還有努力討生活。生存真的難到爆，當時窮得快被鬼抓走了。」回想那段時間，艾伯尼瑟不禁大嘆。

經歷連年不順遂的二十幾歲，三十大關漸漸逼近，艾伯尼瑟決定賭一把，跟隨多數人的腳步前往洛杉磯打拼。可是人在異鄉，他面臨到很實際的問題，一來是沒地方住，二來是存款慢慢見底。後來他在長灘（Long Beach）找到一間中途之家，專門收治酒精和毒品依賴症患者，也就是說，他必須裝成癮君子。此時在阿拉巴馬州鬼混的經驗派上用場，他把吸毒者的舉止演得有模有樣，為自己換來一方容身之所。那裡的租金是四百五十美元（約台幣一萬三千五百元），付了第一筆費用後，全身上下只剩一百五十美元（約台幣四千五百元）。隔天，他找到第一份工作，在法街海灘（Law Street Beach）旁的海洋大街（Ocean Boulevard）當餐廳服務生。

頭一次訪問艾伯尼瑟，他言談舉止彬彬有禮，遠比我客氣得多。殊不知這副和善外表下，他承

---

37 https://www.green-card.com/how-high-are-the-chances-of-winning/#:~:text=The%20average%20chance%20of%20winning,rise%20again%20to%201%3A25!

認，是擋也擋不住的暴脾氣，三不五時就把自己逼得走投無路。原本艾伯尼瑟在中途之家住得好好的，誰知道某天和一名租客起了口角，最後竟演變成「激烈爭吵」，導致他被趕出中途之家。當時艾伯尼瑟還沒拿到工資，也沒車子能將就窩一下，幸好他設法找到一間無家者收容所，名為溫葛特中心（Weingart Center）。無奈的是收容所位在市中心的斯基德羅（Skid Row）38，距離工作餐廳至少要開車一個小時。除此之外，那裡也是美國最惡名昭彰的貧民窟。斯基德羅經常有酒鬼和無家者出沒，居民多半是非裔身障者，收容所外的帳篷更一連綿延了好幾個街區。這副廢托邦景象和加州給世界的烏托邦樂園形成強烈對比，艾伯尼瑟當時便住在這個全美最破敗的地方。

換了住的地方，自然得換份工作。艾伯尼瑟原先在附近應徵上服務生，主管要求提供可以在美國工作的證明文件，可是從阿拉巴馬州搬到洛杉磯後，文件早就不翼而飛。過了幾個禮拜，他遲遲交不出證明只能被迫走人。

後來機緣巧合下，艾伯尼瑟透過收容所朋友引介，開始打工募集連署書，內容是要求州政府降低大學學費，一個簽名能拿二十五美分（約台幣八元），發工資的活動協調員是一名年長的女士。這份工作需要他在街上攔住陌生人，即使心知肚明對方懶得跟自己交談，艾伯尼瑟依舊得硬著頭皮強迫推銷，「我見人就得長篇大論，滔滔不絕地說自己有多需要他們的簽名才能賺到這二十五分錢。」他笑笑地說。

某天，艾伯尼瑟照慣例先打給協調員，約好三小時後到辦公室領工資，免得她不在位置上。然而，當天接電話的並非對接的協調員，當時他不知道那位女士已經過世了，電話那頭只說沒錢給他。「你有沒有過痛苦難堪到只想大吼大叫，乾脆通通算了，什麼都管他去死？這就是我那天的感受，我養不活自己、文件也搞丟了，」他心想，這下子何去何從？

艾伯尼瑟跟朋友借了筆錢，應徵上連鎖速食店溫蒂漢堡（Wendy's），還到其他地方兼職當服務生，存夠錢便買了台二手本田（Honda）汽車。當時他三十幾歲了，一邊哀悼一去不復返的青春，一邊思考對於這個歲數的男人來說，成功應該是什麼模樣。他孤身一人沒結婚，平時有空也不創作了。這麼多年來換過一個又一個前途無亮的工作，估計搬到洛杉磯後做了不下十五種活兒，實際數字可能更多。光是過去十八個月就不知道換了幾份工，遑論過去十年的時間。最窮困潦倒的時候，他在聖費爾南多谷的加油站旁找了個空位，賣起仿冒牛仔褲。某天凌晨六點去擺攤時，他無意間瞥見自己的倒影，覺得自己實在很丟臉——大老遠從喀麥隆移民到美國，為的是過上更美好的生活，現在卻在大街上叫賣衣服，這跟昔日家鄉的市井男孩有何不同？

---

38 譯註：斯基德羅在美國係指無家者與游手好閒的人經常出沒聚集的地區，許多州和城市都有斯基德羅，而加州斯基德羅位於中城東區（Central City East）。

一晃眼，艾伯尼瑟在洛杉磯待了十年，即將邁入四字頭的他投入了零工經濟（gig economy）的市場，成為一名優步（Uber）駕駛。零工經濟以新興應用程式為媒合平台，可即時將雇主需求發包給勞工，這類工作並不保障勞工基本權益，以此為代價交換而來的是彈性工時和按需求接案。當時艾伯尼瑟把心愛的香檳色賓士車（Mercedes）換成黑色豐田普銳斯（Toyota Prius），這款油電車在零工司機間廣受好評，希望能藉此提升投資報酬率。他討厭做優步，但他喜歡這份工作讓他有時間重拾創作，畢竟他始終等待被某個大咖相中，繼而發光發熱。至此，艾伯尼瑟依舊沒等到那十五分鐘的成名時間，好在現在狀態比較好了，閒暇時可以錄音樂，接客前後也能到唱片公司毛遂自薦。某天，優步一如往常傳來接案通知，此時艾伯尼瑟出奇地神清氣爽，按下接單後準備上工，「前往接送保羅」。

接下來的「新鮮事」唯獨在好萊塢山（Hollywood Hills）見得著。一個男人即將坐上艾伯尼瑟的車，他是網紅界名聲最臭的實況主，他的頻道 CX Network 集結了網路社群的毒瘤，他們是一支名為「紫色軍團」（Purple Army）的勁旅。

種族歧視、仇女、霸凌，最惡質的紫色軍團

越是瘋魔越能斬獲報酬的世界裡，溫良恭儉讓是沒有立足之地的，這點在實況圈昭然若揭。實

況主非但將電視真人秀屢試不爽的狗血橋段搬進直播間，出於傳播媒介的即時性，內容更演變到墮落、變態的地步。二十幾歲的保羅．狄尼諾（Paul Denino）是美國最惡質的實況主之一，他的遊戲暱稱廣為人知——Ice Poseidon。狄尼諾之所以能在直播界站穩腳跟，靠的是遊戲實況的垃圾話和兄弟文化的惡作劇伎倆，類似電視節目《無厘取鬧》（Jackass）39。他手上的頻道 CX Network 主打譁眾取寵的日常生活，還有一道供觀眾消遣的角色旋轉門，吸引了不計其數的狂粉「朝聖」。CX Network 是狄尼諾的領地，而他無疑是領地之主，高舉「創作內容」的旗幟，煽動粉絲惹事生非、散播厭女和種族歧視的言論；反過頭來，粉絲也是相中這些特色才「慕名而來」。這類生活實況網紅靠著慫恿粉絲尋釁滋事來營利，有的時候甚至會危害到自己的生命安全。

狄尼諾跟多數實況主一樣從電玩起家。一篇《紐約客》（The New Yorker）專訪提到，他十二歲迷上奇幻風格的線上遊戲《盧恩傳奇》（RuneScape），暱稱 Ice Poseidon 是從姓名生成器隨便選的。高中時期的他是班上邊緣人，不過他在線上有很多玩家好友，而且也很愛對他們惡作劇。狄尼諾原

39 譯註：《無厘取鬧》是美國 MTV 台的惡搞實境秀，首檔節目於二〇〇〇年亮相，二〇〇二至二〇二二年間陸續製播衍生特輯和電影版。節目內容主打極具危險的極限挑戰行為，以及各式各樣試探人性的惡作劇。

本都在YT上傳遊戲影片，自從辦了圖奇（Twitch）[40]以後，他的人生有了天大的轉變。圖奇允許觀眾透過各種機制贊助直播主，也就是鄉民說的「抖內」（donate），正因如此，圖奇也獲封專業實況的發源地。圖奇給了狄尼諾一票觀眾，更成為如同家的避風港，儘管這是一個失能的家。他迅速建立龐大的粉絲群，將生活的主導權交給收看實況的觀眾，讓他們選擇要播的音樂，讓他們對自己破口大罵，而他也毫不客氣地反擊。總而言之，花錢的是老大，肯掏錢就能買開心。

高中畢業後，狄尼諾先是在餐廳當二廚，後來被炒了便收拾包袱，搬到東好萊塢（East Hollywood）。[41]他的公寓堆滿電玩套件，而且門戶大開，歡迎任何過路人進來坐坐——這項設定開始了他的「收藏」之旅，收藏那些無家可歸、遊手好閒和沒朋友的年輕男生。門戶大開對狄尼諾來說頗有賺頭：每個上門的人都會出現在直播中，說出沒有事先套好的話，帶給觀眾無比的新鮮感。絡繹不絕的怪咖會製造話題，進而吸引成千上萬的觀眾湧入直播間。同時，狄尼諾會在美國鄉民論壇Reddit發起關於實況的討論串，上萬名訂閱者在底下辱罵、發梗圖和出餿主意，內容往往涉及種族和性別歧視，明顯違反了論壇守則。這些貼文的受眾以年輕白人男性為主，他們非但毫不忌諱地發表仇女言論，更頻繁使用N開頭的詞彙指涉特定族裔。狄尼諾曾公開支持川普（Donald Trump），而川粉通常被視為反對自由主義議題和政治正確的一派。狄尼諾甚至替這群追隨自己的烏合之眾取了一個名稱——「紫色軍團」。[42]

軍團絕大多數是男人，自以為是的男人，他們和狄尼諾的互動十分病態，彼此會互相慫恿。有一次狄尼諾公布一位女生的電話號碼，軍團隨即使出拿手絕活——狂打電話和傳訊息騷擾她，極盡折磨之能事。然而，一個巴掌拍不響，有低級的觀眾就有低級的實況主。狄尼諾會實況放送捉弄無家者、在公寓羞辱女孩的內容，男性觀眾個個拍手叫好、爆送小奇點（cheer）。[43]總而言之，內容越殘忍，打賞越大方。

無所不用其極的紫色軍團甚至找到一種方法玩弄他們的英雄。某次，狄尼諾實況中透露要去麥當勞（McDonald's），觀眾便打電話到洛杉磯警察局（LA Police Department），誣告狄尼諾攜帶可疑背包走進速食店，並要求警方出動特種部隊到現場預防犯罪，這類惡作劇電話在實況圈通稱「報假

---

40 線上直播平台，主要以遊戲直播為主。使用者可以觀看其他人直播，也可以自己開設頻道與觀眾互動交流。圖奇是目前最受歡迎的遊戲直播平台之一，吸引了全球眾多玩家和直播主的關注和使用。

41 https://www.newyorker.com/magazine/2018/07/09/ice-poseidons-lucrative-stressful-life-as-a-live-streamer

42 譯註：當時在《盧恩傳奇》迷你地圖上，狄尼諾的聊天頻道為紫色小點，因而以「紫色」命名。

43 譯註：小奇點是圖奇的虛擬商品，觀眾可購買並發送小奇點和表情符號表示支持。只要有觀眾在聊天中使用小奇點，實況主就能獲得收益。

警」（swatting），嚴重的話可能會造成無法挽回的憾事。44可惡的是，軍團不止一次報假警。某天，狄尼諾準備搭機前往鳳凰城（Phoenix），起飛前，艙門突然被攻破，一群手持武器的特警衝進機艙將狄尼諾團團包圍。原來航空公司接到匿名電話，對方表示機上有一名炸彈客，而他的穿著打扮和狄尼諾不謀而合，因此他被警察請下飛機審問了好幾個小時。為了親眼目睹火花四射的攻堅場面，軍團多次向執法機關謊報狄尼諾是可疑罪犯；一旦特種部隊闖進實況現場，聊天室便會在一秒內被上萬則留言灌爆，還有此起彼落的打賞音效，意味著源源不絕的抖內朝他的銀行帳戶而去——這說明軍團被娛樂到了，今晚狄尼諾做夢也會笑。在一個所有警察無時無刻全副武裝的國家，報假警是極具風險且浪費社會資源的歪風；然而這場鬧劇竟讓狄尼諾一天內就賺進高達兩千美元的小費。

實況社群的崛起不單單造福了圈內大咖。二〇一四年，亞馬遜斥資九．七億美元（約台幣兩百九十億元）買下圖奇，45平台開發者和早期投資客紛紛從有錢人變成超級有錢人。如今，圖奇市值少說超越當初併購價的二十倍。直播一度成為影音文化的熱門趨勢，各大社群都想分一杯羹。IG和臉書紛紛加入直播功能，YT也學圖奇開通付費功能讓觀眾打賞直播主，許多專業實況主因而轉攻YT，就連狄尼諾也重返YT勤勞直播。二〇二〇年，他的頻道訂閱數達到七十五萬人。

優步駕駛艾伯尼瑟便是捲入這樣一個假鬼假怪的世界。這個滿懷理想的嘻哈歌手在公寓外接到狄尼諾，渾然不知自己即將登上Ice Poseidon的實況，屆時將有上百萬人透過智慧型手機鎖定他的一舉一動。艾伯尼瑟打趣問：「拍攝日？我正在被拍嗎？」「沒錯，兄弟，準備好了嗎？」身為嗜血觀眾的耍寶大王，狄尼諾回答道。

艾伯尼瑟一邊開車一邊回答狄尼諾的問題，先是問他哪裡人，接著又說沒聽過喀麥隆，待艾伯尼瑟解釋家鄉在非洲以後，聊天室瞬間湧入上千則辱罵留言，其中絕大部分來自白人：「老黑」、「野蠻人」、「肯德基股東」[46]、「請吃西瓜」[47]、「柯尼 2010」[48]、「黑鬼」、「他有愛滋」……

---

44 譯註：美國特種武器和戰術部隊（Special Weapons and Tactics）簡稱為「S.W.A.T.」，報假警（swatting）便是以此為名。特種部隊專門應對高風險事件，執行作戰、偵察、狙擊、反恐等非常規任務。

45 https://www.bbc.co.uk/news/technology-28930781

46 譯註：美式炸雞的起源可追溯至蘇格蘭傳統料理和西非醃料。十八世紀，蘇格蘭人抵達美國南部，油炸食物的傳統也隨之登陸。另一方面，當時美國黑奴除了雞（被視為較低等的家禽）以外不得飼養馬、牛和豬，他們遂利用家鄉香料醃製雞肉並仿效蘇格蘭傳統料理方式，美式炸雞便由此而生。出於方便料理和熱量高等因素，炸雞成了黑奴常用餐點；隨時間演進，「炸雞」不斷在作品中被貼上「黑人食物」的刻板標籤，遂演變為帶有種族歧視意味的食物。

47 譯註：南北戰爭後，許多重獲自由的黑人選擇種植、食用與販賣西瓜，由此西瓜成為解放的象徵。對此南方白人則倍感威脅，遂刻意將西瓜暗指為黑人不潔、懶惰、無知且不被需要的代表，使得西瓜成為美國大眾文化中廣為人知的種族歧視隱喻。

48 譯註：二〇一二年，非營利組織「看不見的兒童」（Invisible Children）在 YT 上傳紀錄片《科尼 2012》（Kony 2012），旨在揭露烏干達軍閥喬瑟夫・科尼（Joseph Kony）強迫烏干達兒童從軍與賣淫的惡行，進而呼籲世界各國儘速在二〇一二年前將這名國際通緝犯繩之以法。該影片五天內吸引全球逾六千萬人觀看，更引發網路正反兩派意見，尤其片中的種族政治、人道倫理與「懶惰主義」（僅僅通過社群按讚、分享表達對社會運動的支持）均飽受非議。

不過三兩下就蹦出一大堆侮辱留言。之後狄尼諾嘲笑艾伯尼瑟的低音嗓很適合演蝙蝠俠，說完便在鏡頭前模仿起來：「我是蝙蝠俠，我來自西非。我準備去抄傢伙了，是從義大利偷來的 AK-47 衝鋒槍。」儘管尷尬，艾伯尼瑟依舊配合。這種隱性種族主義（casual racism）正是軍團的招牌武器。「超黑暗騎士」，有人附和狄尼諾的惡意模仿。

艾伯尼瑟顯然興致高昂，狄尼諾更是幹話模式全開。「兄弟，看你很認真追夢，不錯啊。」語氣裡的虛偽表露無遺。「我很拼啊，兄弟，拼命做音樂。」「什麼音樂？」狄尼諾問。艾伯尼瑟順勢播出自創曲並開口秀饒舌，狄尼諾則在後座手舞足蹈，雖然肢體動作顯然跟不上節奏，他依舊玩得不亦樂乎，觀眾也看得驚呼連連。網友瘋狂在聊天室留言，刷著一排又一排的火燒表情符號——燒燒燒燒燒……不錯聽……腰咻，節奏有毒……超燒 der，新一代吐派克……讚讚……靠北超讚。看樣子，軍團相中了最新一位實況新星。

艾伯尼瑟很快加入 CX Network，成為狄尼諾撿到的眾多無家者之一，並以藝名 EBZ 手刀辦了帳號，想方設法娛樂觀眾，好能收到軍團打賞的小費。另一方面，為了維持熱度，EBZ 寫了一首名為〈紫色軍團〉（Purple Army）的歌，大讚軍團所向無敵，目前在 YT 和 Spotify 的播放數已經超過五十萬次。「我從無到有完成這首歌，寫詞、作曲、錄音和發布，他根本連個屁都不在乎。可是粉絲超級買單還四處宣傳，完全上癮了。」EBZ 說。成為固定班底後，一天大概會收到七十五到一百四十美金（約台幣兩千三百元到四千兩百元）不等的抖內，更獲邀加入狄尼諾的私人聚會和團體旅遊。無論在什麼場合，來賓通常都會互相激怒對方，導致言語或肢體衝突，繼而為實況製造看頭吸引觀眾。「如果我有賺錢，那是因為我跟人吵架，」他說，「小費的多寡是看當天氣氛，你懂的吧？什麼事都沒發生，那就準備口袋空空……一團和氣是沒賺頭的。」

然而，EBZ有別於絕大多數的班底，並非網路社群養大的世代，因此身在一群十幾、二十歲的白人屁孩中，這個三十多歲的黑人男子總是顯得格格不入。他們開口閉口就是「黑鬼」，甚至將他比喻為大猩猩。就連〈紫色軍團〉的音樂錄影帶中，他們也是一個個捧著香蕉或炸雞圍在EBZ身旁。除此之外，不少觀眾更侮辱EBZ硬賴在狄尼諾身邊是為了賺錢買西瓜。

儘管如此，EBZ依舊與狄尼諾一搭一唱，黑鬼來黑鬼去地稱兄道弟，只不過EBZ也有發作的時候。綽號「金卡瑞」（Jim Carrey）的班底曾以N開頭的字稱呼EBZ，還大言不慚地說「我爽叫什麼叫什麼」，EBZ旋即以兩個右勾拳回敬，金卡瑞立馬恬恬。其實這並非他頭一次和班底幹架，EBZ有過數次和他們爭吵的經驗，包括英國頻道主山姆．沛普（Sam Pepper）。沛普是英國實境秀《大老兄》（Big Brother）前成員，曾遭指控在節目中假借惡作劇的名義性騷擾女生。[49]這兩個人好幾次

49 https://www.bbc.co.uk/news/newsbeat-29404364

槓上對方，甚至大打出手。

雖然觀眾被 EBZ 逗樂了，他們依舊將他當成霸凌目標，不斷在實況中說些種族歧視的話。然而，誠如 EBZ 無法忍受頻道夥伴卻依舊能與他們共同合作，這些辱罵歧視的酸民也不過是有利可圖的新事業金主罷了。「現在要看我的電腦螢幕或 YT 頻道，要花三到五美元才能做些什麼。」他解釋。「如果你想用特效說『安安泥好』、想放音樂，想把訊息唸出來給大家聽或讓電腦代勞，那就付五美金。你可以上線花五美元說『雞巴臉，你他馬的操屁眼』，或花三美元讓電腦代勞。」他心知肚明自己靠著被人羞辱掙錢。「我知道很失心瘋，像該死的……。」他沒說完，因為他想到過去那段日子，不光薪水少得可憐，有一餐沒一餐不說，甚至流離失所。「YT 是三歲小孩的把戲，人人都玩得起。房東看你付不起房租把你踢出去才真叫生死存亡的危機！」他好幾次在加州走投無路，現在要靠白人屁孩花錢罵他黑鬼來過上好生活？沒問題。「我寧願被罵得狗血淋頭有錢花，也不要淪落到鳥地方做什麼朝九晚五的工作……這就是為什麼我覺得自己很幸運。」他說。「在賓士車廠上班的時候大家都覺得是『好工作』。我穿得體面，可是口袋沒半毛錢。現在別人看我像魯蛇，可是我隨時能到處去玩。說到底還是有錢最重要。你戶頭又有多少？」

狄尼諾轉戰生活實況圈幾年後，紫色軍團這群網路毒瘤終究導致他被圖奇停權，Reddit 也把相關討論串通通移除。就 EBZ 描述，狄尼諾似乎不受影響，在 YT 直播月收入依舊上看五萬美元（約台幣一百五十萬元），絕大部分來自粉絲抖內。不過他也設法找到其他門路賺錢。CX Network 是狄尼諾的搖錢樹，他在這裡展示歷年收藏的怪咖角色，而每個角色也都希望登上實況增加收入。對 EBZ 而言是不是在 CX Network 直播差別不大。「自己開實況大概有五十個觀眾，抖內金額差不多七十五美元（約台幣兩千三百元），在 CX Network 的話就七、八十或一百人觀看，大概才多四十塊美元而已。」跟著 CX Network 拿到的小費並不足以讓他辭掉白天的工作。說到底，狄尼諾光是握有 CX Network 的實權就賺翻了，其他班底則得拼死拼活才能勉強維持生計。「CX Network 讓他的名氣水漲船高，越來越多人看重他的地位……如果我是他，我也會這樣幹。」EBZ 說。

CX Network 無異於其他平台，無非是仰賴使用者數據創造流量。首先，網站的軟體會擷取觀眾數據，進而分析他們的愛好來打造個人化數位廣告。CX Network 仿效的對象正是開創這套模型的始祖——谷歌。可惜的是，即使狄尼諾開始認真當這是一回事，依舊無法企及谷歌的營利腳步。狄尼諾將 CX Network 包裝得像新創公司，他本人則是企業家，但說穿了，這不過是以惡魔為首齊集的烏合之眾罷了。狄尼諾將需要的棋子打造成頻道新星，一時興之所至便將他們踢出頻道，嚴重影響他們本就微薄的收入。「這就是權力的展現。」EBZ 篤定道。踢掉某個班底會在社群製造話題，如同肥皂劇殺了主角，再讓他們死而復生，進而製造戲劇張力。

軍團的消遣是狄尼諾的收益，即使是以 EBZ 為代價。「他絕對在利用我啊，從頭到尾沒把我當人看。」EBZ一派輕鬆地說，「我不過是可以容忍，這是具備變現價值的娛樂點子。」EBZ感覺狄尼諾剝削了自己，卻又對這個讓自己在數位經濟底層有一番新事業的男人感激不盡。

同樣是工作，在網路可能比在現實世界更容易被剝削。社群平台仰賴使用者流量和數據，每次登入臉書或IG，後台就會開始研究使用者花多少時間？在做什麼？受到什麼吸引？以YT為例，創作者只要有能力製造源源不絕的流量，便能開通廣告收益賺取額外費用，這些頻道主一旦累積足夠訂閱數和知名度、晉升網紅行列，追蹤者便會希望仿效相同手法，和高流量的人合作拍片，繼而解鎖財富密碼。這種獎賞機制無異於老鼠會。假如觀眾抖內使得實況主不再依賴諸如YT等網站的廣告收益，實況主依然會陷入另一種截然不同的困境，也就是為了滿足衣食父母的胃口，表演出以真實包裝的虛偽生活。事實上，越來越多創作者正想方設法誤導粉絲正在觀看「實際情況」以此快速獲利。

CX Network不是狄尼諾唯一的事業，他還有一個新創公司名為Scuffed。在矽谷（Silicon Valley），生意人會靠著說服一小群有錢人出資來創立事業；不過在洛杉磯，狄尼諾相中的金主是追蹤者，光明正大向觀眾募資兩百萬元（約台幣六千萬元）。狄尼諾向追蹤者解釋：「為了讓投資人回收成本，我們要壯大公司到某個程度，接著吸引其他人加入，他們也會投錢。一旦募資超過兩百萬，最初的投資人就可以拿回自己的錢，到時候公司會有更多錢或有的沒的好康。」[50]狄尼諾口中的公司把新投資人的錢拿去還既有投資人，聽起來不就是老鼠會嗎？狄尼諾的描述分明是一種詐騙行為，但他卻否認。對狄尼諾來說，任何關係都只是某種未完成的交易罷了。

二〇一九年夏天，進入七月份後的烈日全力以赴地賣力上工，EBZ 和我決定去爬好萊塢的魯尼恩峽谷（Runyon Canyon）。EBZ 帶了實況器材和自拍棒。「你要直播多久？」他笑著答：「一整天。」他邀我入鏡，我拒絕了。他的觀眾恐怕已經聽到我的聲音，猛烈要求 EBZ 讓他的「男朋友」露臉，並且不斷發送恐同訊息。日正當中，我們走上塵土飛揚的山路。我整個人大爆汗，不光是因為烈日曬人，更出於對報假警的擔憂。EBZ 吃了不少次報假警的苦頭，而且我們兩個都是有色人種。光是今年，當地警察局已經射殺十四個人。一旦粉絲報假警，我們都有可能小命不保。相比我的膽戰心驚，EBZ 顯得泰然自若，一心和觀眾聊天，甚至沒發現自己快踩到狗的排泄物，「小心狗大便，」我出聲，他充耳不聞一腳踩了下去。

途中幾個小時，EBZ 全程開實況，但只進帳十四美元（約台幣四百二十元），比加州最低時薪多一咪咪而已。即使如此，他依舊很滿意現在的人生規畫。至於 CX Network 則在一次警察突襲後徹

---

50 https://www.youtube.com/watch?v=FMzjm8BG8cU

底關門大吉。「我總有不好的預感，」他說，「我一直覺得不對勁。我重新說明一下。我在平台時一邊做優步，對吧？我現在離開平台了，也不做優步了。我越挖掘自我，越享受開實況，也越賺越多，比平台時期還賺。」當時 EBZ 已經連續開實況三百八十天了，大概到兩百七十天時，便不再需要靠優步收入來維持生計了。

對我來說，他的工作是娛樂酸民，尤其以年輕的白人男性為主，他們對於在網路上霸凌其他種族的癖好，幾乎等同於當今數位時代的黑臉走唱秀。至於 EBZ 則得為了一塊錢虛與委蛇（shucked and jived）[51]像條哈巴狗。「現在哪個工作不用虛與委蛇？」他駁斥，「你是電話推銷員，你要低聲下氣；你是汽車業務，你也要小心討好。」這些都是他做過的低薪工作。「你知道怎樣叫虛與委蛇嗎？別人叫我幹嘛就幹嘛，這才是跟狗一樣。要是有人叫我坐在這裡接電話，那才他媽的是哈巴狗，因為我完全不想做那些事……我現在所處的世界，只要說一句『安安泥好』就有人給我三美元。我知道聽起來很瘋，但這就是為什麼我只覺得感恩。很多人完全沒意識到這點，甚至還保有一種心態是，『週一到週日上午九點工作到下午五點，這樣才能繳這些該死的帳單。』做人要聰明一點。」

我問他曾經因為抖內來自霸凌者，所以把錢退回去嗎？「看我心情吧，通常不會。幹他的咧，錢我自己留著。」我們不約而同笑了。「欸拜託，我做過一大堆朝九晚五的工作，我懂真正窮途末路是什麼樣子。我付出大把努力，好不容易才有這個機會跟別人分享自己的創作。」現在每天至少五十位觀眾，最多拿到一千美元（約台幣三萬元），有時候只有一個人肯掏錢。不過人數不是重點，單次抖內各不相同，金額大小才關鍵。「我有過一連幾天進帳一千美元，也有過好幾次一天下來才拿一百五十美元（約台幣四千五百元）。」除此之外，EBZ 為紫色軍團寫的歌在 Spotify 有兩萬一千一百三十二位聽眾，總播放數超過一百二十萬，使得他單月收入就高達四百美元（約台幣一萬兩千元）。此後，EBZ 不再過著有今天沒明天的日子，不像當初在斯基德羅那樣。另外，他認為尊嚴未必能當飯吃，況且有比尊嚴更重要的東西，那就是得來不易的關注，或說「流量」。

EBZ 一方面心滿意足於自己的天生好運，另一方面也清楚自己是這樁魔鬼交易的始作俑者。至於狄尼諾則看準其他班底想紅的野心，輕而易舉地將他們誘入利益陷阱。

沒人追蹤，我什麼也不是

潔希．泰勒（Jessy Taylor）剛滿二十歲，買酒可能還會被查證件的年紀，就被狄尼諾和沛普招

---

51 譯註：原文"shucked and jived"最早可追溯至美國十八至十九世紀的奴隸制度，用於描述黑奴為了逃避懲罰或危險，而耍小聰明或陽奉陰違欺瞞有權勢的白人雇主，帶有種族歧視的貶抑意味。

進了 CX Network。潔希從高中就夢想成為網路紅人，而她的執著非同小可。她跟沛普之所以認識，是因為她曾經試圖闖進「流量之家」（Clout House）的派對。許多知名的好萊塢網紅都住在這裡，這場派對也來了不少發燒頻道主。當時不得其門而入的潔希，意外成了狄尼諾的收藏，加入了一群怪胎和邊緣人的行列。

當過脫衣舞孃和伴遊女郎成為潔希的賣點，狄尼諾順理成章利用潔希創作色情內容，餵養大批非自願單身（involuntarily celibate，英文簡稱 incel）的宅男。有一次，狄尼諾逼潔希親一個年紀顯然大她好幾輪的無家者。這還不是最糟的。狄尼諾在直播中搬出一台機器人，觀眾只要抖內就能操控它。他在機身裝了一根假陽具，接著要求潔希在鏡頭前跟機器人做愛。

畫面中潔希穿著深黑色胸罩和淡藍色內褲，只見她緊張兮兮地咯咯笑，一邊跪坐在地上，一邊將假陽具塞進嘴裡。「世上肯定找不到第二個像我一樣瘋的妹子，願意做這種事，」她不忘推銷，「去加入我在色情網站的白金會員。」接著她收到指示脫掉胸罩，「你要我現在幹它嗎？」她一邊問狄尼諾，一邊拉開內褲，然後將假陽具塞進下體，「好不習慣黑屌，」潔希尬笑。

圖奇觀眾不止能抖內，還能付錢讓電腦程式將聊天室留言轉成機器人語音讀出來。每當軍團成員花錢讓機器人大聲唸出要和潔希做愛的留言，所有觀看直播的人都會聽到這些羞辱的訊息：「聽好了，妳個嗑藥的臭婊子，不要再為了流量幹機器人，下流賤貨」、「她打算賴說機器人搞大她肚子，藉口搬進 Ice 家。」

沛普和狄尼諾為了娛樂觀眾，常常在實況中嘲笑潔希，使得她成為軍團霸凌的頭號目標。「我一天下來大概會被罵六百次婊子。但我什麼也沒做，只是活著。」即便如此，她依舊感謝沛普是「發掘我的人」，潔希感激地說，「他改變了我的一生，如果沒有他，我現在不會在這裡，也不知道在哪裡幹什麼。」

人機性愛的影片一出，潔希 IG 追蹤數旋即暴增超過十萬人。此後她開始接到業配邀約，在 IG 借「致敬」（shout-out）之名，行推銷之實。不止如此，她還解鎖了往上滑功能，可以在限時動態中嵌入連結指向自己販賣裸照的頁面。「讓大家來買我的東西，這就是我賺錢的方式。他們往上滑就能買。很多粉絲會送我禮品卡，他們很多人都很寵我。」

話說回來，水能載舟，亦能覆舟。CX Network 給了她壯大社群追蹤數的平台，可是紫色軍團也有能力沒收一切。潔希大膽演出人機性愛，一方面刺激且娛樂了軍團這些年輕白人男性，另一方面也激怒了他們。軍團成員清一色是男性玩家，在線上形同兄弟會，在線下則是邊緣單身狗。現實世界裡，他們對著女人大搖尾巴，女人卻對他們敬謝不敏，所以他們自稱非自願單身。然而，潔希的存在象徵他們厭惡的一切——年輕貌美的女性在網路賣弄性魅力，繼而從他們身上大撈油水。因此他們迅速發起殲滅行動，瘋狂在 IG 檢舉她的內容違反社群規定。

一波波檢舉攻勢下，IG 刪除了潔希的帳號，導致她在大眾面前精神崩潰。可是，俗爛鬧劇在網紅市場裡往往有利可圖。二〇一九年四月五日，潔希上傳一支影片，鏡頭前的她梳著簡單馬尾，一把鼻涕一把眼淚，而標題寫著「不要再檢舉我的 INSTAGRAM 帳號了」：

「我人在加州，我之所以來加州，是因為我想在 IG 上成名……沒了追蹤數，我什麼也不是。沒人追蹤，我什麼也不是。就算一堆人恨我、檢舉我，我還是他馬的努力當一個更好的人。我想對那些檢舉的人說，拜託你們高抬貴手，你們正在毀掉我的人生，因為我賺的所有錢都來自社群，每一分每一毛，我不想失去這些。我知道有人就是想看我落魄、淪落到跟他們一樣，變成那百分之九十的普通人，做著朝九晚五的工作。那不是我，我來加州就是為了不要變成那樣。」

據最後一次統計，原始影片的觀看次數達到兩百萬次，但看過片段的人遠不止於此。這支影片被世界各地的媒體擷取刊登在報章網站上，包括英國最具規模的報社《太陽報》和《每日郵報》、紐西蘭的《紐西蘭先驅報》（New Zealand Herald）、澳洲的《柏斯即時新聞》（Perth Now）。潔希的名字從北半球紅到南半球，成了典型的自賣自銷型網紅。她是甘願做任何事只求成名的女孩，是「幹機器人」的女孩。這支影片傳遍網路社群，全世界都在笑她、噴她，不過無所謂，她寧願被罵也不要沒沒無名，「沒酸民不算紅」。

更重要的是，到洛杉磯頭幾個月，潔希得靠性工作維持生計，如今爆紅以後，總算能展開雙臂擁抱發薪日。「我不必再幹那些屎缺。以前，都是為了現在。我沒有想過要一直賣肉或跳脫衣舞給別人看。當初肯做是因為知道一旦在 IG 成名，我就從這副臭皮囊解脫了。我只是在等像之前那樣爆紅的日子，從此以後就不用愁了。等到時來運轉的那天，大聲說一句『操他媽的』。我苦熬苦等，這下被我等到了吧。」

潔希順利開通頻道營利功能，成為 YT 眾多合作夥伴之一，接下來 YT 將在她的影片投放廣告，每千次觀看數可拿到一定比例的費用。至於價碼高低則取決於創作者的訂閱數，當時每千次觀看落在十八美元。換句話說，兩百萬次觀看讓潔希賺進三萬六千美元（約台幣一百〇八萬元），相當於用三分鐘的眼淚籌到一棟房子的頭期款。「拿不回帳號也沒差，」她說，「這支影片就抵過我以前賺的所有錢了。」

潔希走紅以後開始在網路上炫耀賺到的錢，宛若礦工挖到金礦一樣難掩興奮之情。此後她辦了不少 IG 帳號，即使熱度消減，追蹤數仍不減反升。「就算帳號被砍了，還是有鐵粉挺我，我的頻道訂閱數一樣很有價值。」話雖如此，沒有一支新影片的曝光度接近崩潰影片的觀看次數。然而，對這些慕名前來的新粉絲而言，潔希是奇葩的象徵，是鄉民的笑柄，而不是會令人為她加油打氣的網紅。她深信爆紅會讓她「地位飆升百倍」，進而開創一番長遠的事業，如同身兼網路名人、富豪繼承人與電視實境秀女星的指標人物——芭黎絲．希爾頓（Paris Hilton）。可是，那支爆紅影片衝到兩百萬次觀看後沒幾個月，潔希又重操舊業，不時發些自己脫衣服和推銷舞孃俱樂部的影片，正是她口中再也不幹的工作。

我問到從事色情產業的經驗時，潔希否認了。「我這輩子壓根兒沒想過幹那行，問這種問題的，我只想賞他一巴掌。我死也不會下海。一旦撩下去，人生就完了。」說是這樣說，我寫這本書的同時，色情網站 Pornhub 依舊看得到潔希的影片。

潔希堅稱自己從沒拍過謎片，EBZ 強調自己的工作不過是「虛與委蛇」對付種族歧視的人罷了。當現實是如此地不討好，在網路妄想遂成了必要的手段。身在一個鼓勵裝腔作勢的世界，你首先要說服的人是你自己。自我欺騙是打進這個經濟市場的第一步，非得把有辱人格的活兒包裝得人人稱羨才能步步壯大。說到底，騙得了自己就騙得過任何人。

幕後贏家

一九五五年，華特迪士尼公司（Walter Disney Company）在加州橘縣（Orange County）安那罕（Anaheim）蓋了世界上第一座迪士尼樂園（Disneyland），從此以後安那罕便成為遊客趨之若鶩的熱門景點。時間快轉到二〇一九年，那隻鼎鼎大名的老鼠不再是安那罕的當家花旦；如今，樂園外頭的年輕男女大排長龍，他們炙熱的眼光鎖死在樂園隔壁的安那罕會展中心（Anaheim Convention

Centre）——第十屆美國網紅交流論壇 VidCon 即將在此登場，這是世上規模最大的 YT 頻道主盛會。

二〇〇九年，漢克（Hank）和約翰．葛林（John Green）兄弟檔創辦首屆 VidCon。千禧世代的他們很早便進駐 YT，在名為 Vlogbrothers 的頻道分享日常生活和教育內容。這個頻道主打書呆宅男的定位，在兩人穩紮穩打的經營下累積了大批忠實觀眾。十年過去了，如今葛林兄弟在 YT 界無疑是大神般的元老級人物。我和弟弟漢克聊過，他負責頻道網路內容的部分。

「我們剛開始做的時候頻道根本沒廣告，當然也沒收益……當初的想法就單純是喜歡，但真要說的話，喜歡是因為開始有人注意我們，所以才漸漸做得越來勁。我們當時獲得的其實就是現在說的影響力，因為……」漢克稍微頓了一下，「我們說的話變得有份量了，雖然沒有錢拿。」

然而，今時不同往日。潔希．泰勒在鏡頭前哭訴 IG 帳號被砍，使得影片在網路上被瘋狂轉傳，讓她從谷歌的廣告收益服務 AdSense 賺進了上萬美元。AdSense 負責分配 YT 影片的廣告收益，以潔希的影片為例，每一次觀眾點擊影片看到廣告，AdSense 會獲得一美元，YT 可以分到其中四十五美分，[52]剩下五十五美分則歸潔希所有。也就是說，如果這支影片讓潔希進帳三萬六千美元，那麼 YT

---

52 https://variety.com/2013/digital/news/youtube-standardizes-ad-revenue-split-for-all-partners-but-offers-upside-potential-1200786223/

靠著創作者的眼淚便可分到三萬美元。光是一個女人在三分鐘影片裡自揭瘡疤博關注，這間公司就能坐收大把鈔票，那麼試想一下，YT 每天新影片的時長高達五十七萬六千小時，豈不是等同一座取之不盡、用之不竭的金礦嗎？

二〇二〇年，YT 廣告收益突破一百九十六億美元（約台幣五千九百億元），其母公司字母控股（Alphabet Inc.）公布廣告總收益為一千四百六十九．二億美元（約台幣四．四兆元）。[53]同年，YT 對手臉書公布公司收益為八百六十億美元（約台幣二．六兆元），[54]其中四分之一來自 IG 大幅成長的收益。[55] YT 和 IG 之所以能賺到手軟都得歸功於網紅和內容創作者，當然，還有花大把時間在這些社群的我們。

第十屆 VidCon 是新興數位生態的縮影，各路人馬的金錢利益交雜在一起暗流湧動，甚至吸引跨國傳媒巨擘維亞康姆（Viacom）趕來插旗，以未公開價格重金買下 VidCon。這次交易意味著葛林兄弟這輩子就算再也不工作都不愁吃穿。漢克說今時今日的 VidCon 跟過去截然不同，現在據估每年有七萬五千人願意掏八百五十美元（約台幣兩萬六千元）買票進場，而贊助商為了爭取曝光更是砸大錢行銷。拿獨角獸企業 Airtable 來說，他們花了七萬五千美元（約台幣兩百三十萬元），在會場商業區租到一個佔地不超過四平方公尺的展間。參與 VidCon 展覽的公司企業數不勝數，吸金功力所向無敵，幕後老闆肯定數錢數到手軟。就連 EBZ 都現身會場開直播，直到保全人員誤信惡作劇電話將他架走。到場的生活實況主豈止 EBZ，感覺所有洛杉磯的頻道網紅都打算去見粉絲，順便開發潛在合作機會和拍片。

一間又一間科技企業輪番在贊助座談會上推銷自家公司，夢想當 YT 頻道主的小孩，拖著疲憊不堪的爸媽到現場，聽 VidCon 講者分享如何壯大粉絲群和推銷商品。我在 VidCon 發現沒有一場演講的主題是關於社群剝削或種族霸凌，就連那些科技巨擘也受到層層保護。當時 IG 向網紅展示新功能後，我向他們提出採訪邀約，但是被一位無禮又神經質的媒體官員拒絕了。

二〇一九年的 VidCon 上，社群出現遷徙潮，使用者紛紛用起抖音。一年後，Z 世代新秀接連推出創意滿點的影片，牢牢抓住社群受眾的眼球，大力將這個中國影音社群的市值衝到近五百億美元

---

53 https://www.statista.com/statistics/266249/advertising-revenue-of-google/#:~:text=In%202020%2C%20Google’s%20ad%20revenue%20amounted%20to%20146.92%20billion%20US%20dollars.

54 https://www.bloomberg.com/news/articles/2020-02-04/instagram-generates-more-than-a-quarter-of-facebook-s-sales

55 https://investor.fb.com/investor-news/press-release-details/2021/Facebook-Reports-Fourth-Quarter-and-Full-Year-2020-Results/default.aspx

（約台幣一．五兆元）。[56]抖音的成功再度為 VidCon 製造了一波淘金潮，在這裡萬事萬物皆可買可賣，就連人也不例外。過去，對 YT 頻道主和早期內容創作者來說，拿錢辦事是禁忌，網路無異於美國霸道消費主義的免費停車場。如今，誠如網路上的其他社群，論壇代表的 YT 頻道圈也棄守歷來的價值。今時今日的網路社群是商品，線上人脈的價值則取決於雙方關係能帶來多少利益。

VidCon 現在的規模和內容已然超乎葛林兄弟創辦時的預想，唯一不變的是，討論主題依舊圍繞在如何賺更多錢、開發更多生意。來自新廠商的壓力也讓兄弟倆產生嫌隙。哥哥約翰退出了 VidCon，也漸漸淡出 YT，不過他偶爾還是會在頻道上傳影片，希望能找回當初使用社群的熟悉感。如今，約翰的避風港是寫作和 Podcast 節目，還有最一開始在網路認識後來成為好友的骨灰級粉絲。

VidCon 會場的商業酒吧裡，約翰彷彿融入了背景，這大概是當初創辦 VidCon 時想都沒想過的吧。但是在這樣網紅雲集的盛會上，就算是元老級的共同創辦人變得沒有存在感，似乎也不令人意外。如今，VidCon 握有重新定義娛樂產業社交秩序的權力，地位可以說是和迪士尼樂園平起平坐。這兩者的共同點在於骨子裡賣的都是那套加州夢——夢想會帶來名氣和財富。加州製作我們的電影、生產我們的手機、營運我們的社群、設計我們的硬體、處理我們的搜尋、展示我們的日常，為我們畫了一塊關於夢想的大餅，告訴你我，夢想通通能實現。說到底，現在誰不是人手一支「設計來自加州蘋果公司」（Designed by Apple in California）？它就是我們登入新世界的傳送口，倫敦、奈洛比、香港、巴黎、阿姆斯特丹……此時此刻無論你人在何處，都生活在加州夢之中。

56 https://www.reuters.com/article/us-bytedance-tiktok-exclusive-idUSKCN24U1M9

第五章

居家工作求生記

過去三十年來，人類不斷遷徙到網路世界，直到新冠肺炎肆虐全球，在線上討生活頓時變得前所未有地迫切，亞馬遜和谷歌等科技巨頭的股價因而連番上漲；於此同時，世界各地的貧窮與失業人口也急速飆升。二〇二〇年，視訊會議服務軟體Zoom的股票暴增四倍；同年，亞馬遜營收上升四成，美國整體經濟卻暴跌三十二%。[57]正當科技寡頭徜徉滾滾錢海之際，餘下各行各業的勞工卻惴惴不安，生怕公司一旦無法實現利潤目標，下一個包袱款款的就是自己。上層前一刻在郵件中大讚員工共體時艱，下一刻已然對底層磨刀霍霍。

西方國家的科技業在疫情關頭財源廣進，產業卻沒能反映市場需求大舉徵才，作為上世紀最有賺頭的行業實在名不副實。社群媒體的確造就新一波電商崛起，可是說到底，商業活動早已存在千年。今時今日，優步和戶戶送（Deliveroo）的零工搖身成為創業者。零工經濟的趨勢造就廣泛且深遠的文化衝擊，越來越多人在市場鼓勵下自詡為獨資經營者（sole trader）或追夢人，單憑一支手機點石成金。然而在命運無情的捉弄下，看似賦予整代人一片嶄新錢景的網絡行銷（network marketing），實則是新瓶裝舊酒，非但承襲了過去那套惡名昭彰的致富之道，更隨時間推移逐漸變質為專門剝削那些生活最為窘迫的賺食人。網絡行銷有著不同名頭，如直銷（direct selling）和多層次傳銷（multi-level marketing），均指直銷商利用人脈推銷商品作為收入來源。然而，直銷與多層次傳銷又略有不同：前者是直銷商向生產端進貨，並直接售予消費者獲益；後者多了招募與培訓下屬直銷商，最後可從所有下層直銷額抽取一定比例的分潤作為額外收入。至於變質的網絡行銷則是直銷商以介紹下線加入來賺取金錢，如此一來除非找到新下線，否則無法獲取利益。這樣的直銷詐騙又稱為龐氏騙局（Ponzi scheme）、金字塔騙局（pyramid scheme）或層壓式傳銷，正是熟為人知的——老鼠會。

二〇二〇年，新冠病毒大行其道，嚴重衝擊各國人民收入，此時我注意到越來越多不熟的朋

---

57 https://www.theguardian.com/business/2020/jul/30/amazon-apple-facebook-google-profits-earnings

友在社群發文說是好康道相報，邀我宅在家安心賺外快。事實上早在新冠病毒全面侵襲人類生活以前，當代人便已承受莫大壓力和債務。我碰到最有意思的例子是名赤褐髮色的二十幾歲女性，對我來說，她彷若生活在一個我聞所未聞的異世界。

消費支出明顯增加、異想天開地妄言、情緒莫名高漲……這些是蘿絲（Rose）母親躁症發作前的徵狀，身為女兒的她再清楚不過了。蘿絲在斷斷續續的網路電話中談到，她母親甚至不止一次嚴重到必須送醫。

住在澳洲西海岸的蘿絲絲毫不受物理條件所縛，因為 IG 是無遠弗屆的。我追查某家可疑的網路公司時認識了蘿絲，對她推銷的手法相當感興趣，想深入了解這家公司的運作模式，因而私訊表達採訪之意，一下子便收到回覆。蘿絲性格大方且善於社交，全身上下洋溢風趣特質，萬萬沒想到不過七個月前，眼前活潑開朗的年輕女孩才因精神崩潰入院治療，出院後也不接任何朋友的電話，甚至足不出戶，斷絕了和外界的所有聯繫。「我得了憂鬱症，他們讓我吃抗憂鬱藥物，」蘿絲說。

蘿絲畢生最痛恨藥物，極力避免服用任何藥品。她長期抱持戒慎恐懼的心情，生怕一個不小心，糾纏雙親已久的心理疾病便會被娛樂用藥品和過量酒精給觸發。蘿絲母親一生飽受躁鬱症（bipolar disorder）所苦，父親被診斷患有思覺失調症（schizophrenia）。現在蘿絲擔憂醫師開的藥等於判了她無期徒刑，終生承繼源於雙親的心病。蘿絲原先不相信醫師診斷，直到入院治療發現症狀漸漸好轉才總算接受了現實。蘿絲不僅接納了精神醫師更重拾往日活力，開始享受跳舞和拍照的樂趣，也會在線上分享套用各色濾鏡的自拍照，貼文經常可見關於女性賦權的正能量小語。蘿絲乍看過得更快樂了，但住院插曲卻硬生打壞了她的全盤計畫。二十五歲那年，蘿絲一心想離家闖番事業，可是母親不同意，她別無選擇只能回老家瑪格麗特河（Margaret River）。

瑪格麗特河風景如畫，以衝浪和葡萄莊園聞名，而蘿絲從小住在西家公屋（Homeswest），這在西澳相當於社會住宅或美國公共住宅，專門承租給低收入戶或特殊弱勢對象。蘿絲二十出頭時北上大城市伯斯（Perth）念大學，在這裡出生的她至今仍遺憾沒能完成學業，「當時主修社會工作，後來回瑪格麗特河照顧我媽，這就是我沒順利拿到學位的原因，」蘿絲嘆了口氣，「我在伯斯讀書的五年裡她反覆發病，毀了我離開學校以後的成年生活。」

蘿絲出院以後一直無法靠自己的力量重新振作，主要是家裡人企圖將她強制送醫，她因而和家人漸形漸遠，最後落得無家可歸的窘境。光靠收入租不起個人套房，但蘿絲又拉不下臉求助，「我大可當沙發客，這裡、那裡窩一下，偶爾也真的這樣做了。可是，我不想造成朋友負擔，畢竟他們已經給了我很多關懷，我不想一副『嘿大家，我現在沒地方去，可以收留我嗎？』」蘿絲也許開不了口，但如果有朋友開口請她帶小孩或打工換取住宿，她會很感激地答應。

訪談當時蘿絲依舊在服用抗憂鬱藥物，不過她另有一套自我療癒的方法，那就是在IG分享養眼自拍和影片，「這本身就是一種治療，」她笑著說下去，「這是全世界，至少我這代人，溝通的方式。」她頗有舞蹈天份，從小學肚皮舞到大，興奮地說夢想有朝一日開間兒童舞蹈教室。蘿絲追蹤初出茅廬的微網紅當範本，依樣畫葫蘆打造人設，運用相同手法修圖和經營社群，不僅玩起濾鏡特效得心應手，相片裡也是扭腰擺臀，偶爾更不吝分享半裸照，展現日漸茁壯的身體自信。社群空間在這個意義下儼然成為蘿絲演示人生的場域。不止如此，蘿絲還會發文談女性主義，除了照片經過一番精雕細琢外，亦不忘標上自掏腰包買的品牌服飾。經過幾個月與世隔絕的日子後，她感覺自己已然蛻變成一個更好的自己，「社群網站把屬於我的人生還給我，它給了我平台和發聲管道，讓我不再孤伶伶一個人。」

蘿絲對這種嶄新的生活方式寄與厚望，期望能藉此維持生計。以前需要找工作的人多半得離鄉背井到大都市去，還有的人為了追求更好的生活不惜遠渡重洋；反觀現代人，網路吃到飽的智慧型手機就是求職的最前線，而且唾手可得。過去蘿絲所認知的勞動世界是照護和清掃，是種雙重罰難，將她的健康蠶食鯨吞。這樣的勞力活非但難以維持基本開銷，更賠上了自己的身體。她需要的是截然不同的生存之道。

「健康問題已經影響到我無法在職場好好表現，嚴重背痛、自體免疫疾病和有的沒的……這代表我不善於處理壓力。以前做那些工作就是慢性自殺，所以現在轉換跑道對我來說非常重要，因為我的最終目標是自立謀生，不要再幫別人賺錢，現在自己的錢自己賺。」蘿絲看著自己追蹤的一個又一個年輕女孩，明明自己外表不輸人，拍的照片也差不多，為什麼她們可以從社群賺錢，「我卻不行？為什麼我不能跟她們一樣靠手機賺錢？為什麼我不行？」蘿絲自說自話推論下來，「我是素人，大家都是素人啊。自己的錢自己賺，這個想法大大啟發了我。」

蘿絲做的第一件事是卯起來經營個人頁面，頻繁張貼關於人生的正能量文章博取關注，「希望有更多人按愛心加追蹤，這幾乎已經是對社群文化上癮的一種傾向，」她說。可惜社群成長不如蘿絲預期，因此她果斷選了條捷徑——向網路行銷公司買假粉致敬自己的 IG 帳號，每篇致敬文二十美元（約台幣六百元）。每次花錢會增加兩千人追蹤，可是這些大多是垃圾郵件帳戶，並非她心心念念的年輕女性受眾，唯有真正吸引到她們才有賺頭。

「我買了一、兩篇致敬吧，」她邊回想邊說，「也有五十美元（約台幣一千五百元）的方案可以選，看你有多需要吧。」自掏腰包買致敬等於向邪惡的供應商發出絕望的訊號——你已經走投無路了，無論是為了在社群出頭，或為了不再帳單纏身。窮途末路時的一線生機向來是網路社群最具剝削力的商品，在網路買致敬相當於在一片漆黑野地中點亮燈泡，招惹嗜血成性的詐騙昆蟲蜂擁而上。

果不其然一堆網路使用者找上門，其中一個女人阿莉莎（Alisha）是美國網絡行銷集團 It Works! 的代表，專為網上的「姊妹淘」提供致富之道。「她在 IG 上發現我，」蘿絲說，「我很喜歡她充滿活力的樣子。」蘿絲開開心心地和阿莉莎互加好友，並應邀加入她的私人群組「闆娘部落」（boss tribe），裡頭成員以女性為主，其中不乏單親媽媽和缺錢花用的家庭主婦。「很多是有先生、小孩的媽咪，就連一些五十幾的女人也在群裡尋覓新的工作機會。」阿莉莎和群組成員時常分享克服重重難關的正能量故事，藉著這些偽女性主義、假賦權的訊息互相打氣。至於阿莉莎的訊息多半相當直接——「加入It Works!」、「成為自己的老闆」。

It Works!承諾這批生嫩的娘子軍，販賣中價位保健品有機會解鎖高收入、過上大好日子，而且不光能賣給生活中的親朋好友，還可以借助網路社群兜售產品。嚴格來說，每個被招攬的人都不算是It Works!的雇員，而是自雇的「直銷商」，只不過全部遵循同一套營業守則。他們不算時薪或月薪，收入全看佣金，而佣金多寡取決於銷售能力，賣得越多賺越多，這家公司的口號是「一個人的價值取決於收入」。千禧交替之際，來自美國中西部的創業家邁克．潘考斯特（Michael Pentecost）創辦了It Works!，並且以福音派教會和夏令營呼朋引伴的方式作為範本。這家公司慣常舉辦超大型研討會，安排激勵人心的講者，搭配華麗炫目的聲光效果，向台下付費進場的與會者信心喊話，而這些與會者不是別人，正是替公司賣產品的直銷商。一場場小型演唱會激勵直銷商自詡為It Works!的一份子，只不過要想加入這個大家庭得先掏錢才行。潘考斯特初於二〇〇一年創辦It Works!時仍處於虧損狀態，隨著世界將目光轉向網路，他也洞察了社群銷售的關鍵，在三年後開心宣佈公司收益衝破十二億美元（約台幣三百六十億元），全球員工超過六萬人。[58]

潘考斯特在網路上洋洋得意地炫富，甚至在 It Works! 官網秀出他在私人小島上的牧場和豪宅，不斷洗腦直銷商——只要夠努力，你也可以跟潘考斯特一樣成功致富。It Works! 的另一句口號是「永不放棄，直到夢想到手」。

蘿絲眼裡的 It Works! 散發著某種吸引力，「他們是美商，一定會有來自世界各國的人，而且我一直想去美國，所以覺得超酷的。公司還有辦各式各樣的研討會和活動。」一方面，非常仰賴新人加入的 It Works! 十分積極招募新血，另一方面，自立謀生的承諾也打動了蘿絲，「那時候有任何機會我都會去試，畢竟這是生存問題，關乎我的經濟命脈。」

然而 It Works! 非但沒保全這條經濟命脈，反而把活路掐死了。這家公司每個月巧立名目跟直銷商收一堆錢，而且絲毫沒有商量餘地，像是加入會員成為直銷商必須先繳九十九美元，每個月要再交三十美元的官網自介管理費，還要求會員每個月綁定信用卡購買九十九美元到五百八十九美元不等的新產品。蘿絲粗估每個月至少在 It Works! 砸了一百八十美元（約台幣五千四百元），問題是產

---

58 https://www.businessinsider.com/is-it-works-legit-2015-8?r=US&IR=T

品只進不出，賺不到錢，反倒賠光積蓄。「有一次賬戶自動扣款一直失敗，因為我的經濟狀況根本還不起。」蘿絲窮到走投無路，一天到晚被債務人追著跑。

蘿絲怪自己沒能力賺錢，其實是因為她沒意識到——她不是賣手而是買家。根據 It Works! 二〇一九年釋出的財報聲明，八十六%的直銷商單日工資低於一．六美元（約台幣四十八元），[59] 絕大多數的人都跟蘿絲一樣事業無成。儘管公司向直銷商保證財富自由的夢想，公司收益也讓創辦人賺進大把鈔票，卻沒一個直銷商的收入超過美國收入中位數六萬八千七百美元（約台幣兩百〇六萬元）。[60] It Works! 透過不斷招募少不更事的女孩來賺取收益，一方面想方設法讓她們掏錢加入會員、燒錢供養公司，另一方面對於她們總是入不敷出的事實置若罔聞。多數會員起先掉以輕心而落入陷阱，事後才恍然大悟自己被騙了，現在只能用網路評論瘋狂轟炸 It Works!，警醒其他人別步上後塵。一名前直銷商不客氣地說「這是騙局，是老鼠會！」她被騙了整整一年。[61]

蘿絲渾然不知 It Works! 長期被指控「坑騙迷惘的九〇後和單親媽媽」，[62] 以越早加入、佣金越高為餌，吸引缺乏歷練的女性加入會員、綁定月費。事實上她們唯有招募自己的親朋好友或工作不穩定的年輕女孩入會，才有可能真正賺到錢。

It Works! 的盈利模式無非是直銷的舊酒裝聯盟行銷（affiliate marketing）[63] 的新瓶，不僅靠著網路獲得新生，還多了成千上萬張面孔。類似 It Works! 的公司數不勝數，在女性主義等於吸金招牌的年代，以女性賦權為幌子剝削上百萬名女性。諸如雅芳（Avon）和賀寶芙（Herbalife）就是把直銷打響名號的大公司，不過現在一堆新的直銷公司醜聞纏身，做直銷遂成了難以啟齒的骯髒事。

服飾公司 LuLaRoe 總部位於加州，以輕鬆創業為誘因取信年輕女性加入成為直銷商，為公司販賣廉價生產的繽紛系女裝，比如熱門商品螢光色內搭褲。創業神主牌一下子攫住主婦心思，成功簽進不少人以「顧問」頭銜賣命兜售 LuLaRoe 服飾。最一開始新人入會平均要付五千美元（約台幣十五萬元）訂金，公司另外設有嚴格的獎勵制度，鼓勵會員出去拉更多新人成為下線。[64]

上線不光能以較低價格向公司進貨再轉賣下線從中獲利，還能從所有下線的直銷額分一杯羹，某些早早加入的會員月收入上看四萬美元（約台幣一百二十萬元），這個數目多半是靠千名下線撐

---

59 https://itworks.com/Legal/Income/

60 https://www.census.gov/library/publications/2020/demo/p60-270.html

61 https://www.glassdoor.co.uk/Reviews/Employee-Review-It-Works-Global-RVW14986048.htm

62 同上。

63 譯註：聯盟行銷屬於一種廣告行銷模式，指品牌廠商委由第三方推廣者推銷自家產品和服務，若消費者利用推廣者提供的連結或優惠碼消費，廠商便會按訂單量給予推廣者一定比例的分潤。

64 https://www.buzzfeednews.com/article/stephaniemcneal/lularoe-millennial-women-entrepreneurship-lawsuits

起來的。另一方面，七彩風格的內搭褲買氣也不差。只不過就 LuLaRoe 的財報聲明來看，二〇一六年明明是豐收年，顧問實際從公司拿到的獎金中位數卻只有五百二十六美元（約台幣一萬六千元），一天才一．二美元（約台幣三十六元），[65]如此便不難想見顧問為何強調招募的重要性，因為真正的油水都從下線來。一名顧問向《彭博商業周刊》（Bloomberg）表示，「拉新人是往上爬最快的方式」，層級越往上，獎金加碼越豐厚。招募新人在直銷圈的行話是「疊人頭」（stacking），諷刺的是"stacking"在嘻哈圈指的正好是「賺大錢」。LuLaRoe 於二〇一二年成立，靠著層壓式傳銷大發利市，五年後公告收益超過二十億美元（約台幣六百億元），[66]真真正正疊出了金山銀山。

LuLaRoe 會施壓顧問把賺到的錢再拿來進新貨，要是抱怨存貨賣不出去，創辦人還會訓斥顧問「不知變通」，並嚴厲要求她們去發掘新客戶。[67]後來 LuLaRoe 生意越做越大，開始出現生產壓力，顧問漸漸發現來的貨不是有瑕疵、汙損就是不堪使用。儘管公司保證任何賣不掉的衣服都可以退貨，可是一群人集體要求退款時卻被拒於門外，她們這才意識到手邊徒有價值四萬美金的衣服卻沒半個人想要，經濟頓時陷入困境。這就是金字塔騙局的利害之處，畢竟一個人身邊周遭的客戶和人頭就那麼多，再大的關係人脈遲早有吃乾抹淨的一天。

在美國，諸如 LuLaRoe 和 It Works! 的公司行號只要主張商業目標是販售產品，就能合法從事多層次傳銷。可是如果商家醉翁之意不在酒，為了清出庫存將產品賣給直銷商，不顧她們能否再販售，那麼這無疑是詐騙。LuLaRoe 旗下估計十五萬名直銷商，有上千名口徑一致指稱 LuLaRoe 就是這樣幹。不少 LuLaRoe 前直銷商組成集體訴訟，公開譴責 LuLaRoe 是老鼠會。[68] 二〇二一年，LuLaRoe 賠了四百七十五萬美元（約台幣一．四億元）擺平消費者保護官司，儘管公司從頭到尾否認從事任何不當行為。[69]

恭喜妳，成為我們的品牌代言人！

現代零工經濟取代了二十世紀對公平薪酬和勞工權益的訴求，轉向強調個人創業和彈性工時的

---

65 https://www.bloomberg.com/news/features/2018-04-27/thousands-of-women-say-lularoe-s-legging-empire-is-a-scam

66 同上。

67 https://www.yahoo.com/lifestyle/leaked-comments-lularoe-ceo-ignite-controversy-214640143.html

68 https://www.atg.wa.gov/news/news-releases/lularoe-pay-475-million-resolve-ag-ferguson-s-lawsuit-over-pyramid-scheme

69 同上。

企盼。然而，提到零工經濟不得不想到代表企業——優步。優步時常因剝削勞工而為人詬病，但它並非徹頭徹尾的騙局。反觀成千上萬的詐騙公司，利用零工經濟的遊戲規則，主打所謂成敗操之在己的從業共識，盡情操縱那些無所適從的勞工。

《彭博商業周刊》指出，美國從事直銷的人口從二〇一一年的一千五百六十萬，增加到二〇一六年的兩千〇五百萬，其中四分之三為女性，且多半是年輕媽媽。70 然而，美國政府規定公司企業毋須在員工產假期間給付工資，也就是說女員工得另外想辦法養家活口。要是像我一樣出身貧困社區，臉書河道大概充斥舊時同窗的貼文，賣力邀你「靠一支手機在家賺大錢，私訊我了解更多」。假網絡行銷行詐騙之實的老鼠會豈止蒸蒸日上，簡直就是社群世代的預設商業模式：所有人憑藉這套金字塔模型，把追蹤者的階級化為底層的金流來源，順理成章將人際關係商業化，讓周遭親友成了為假公司賣命的人馬，那些沒薪水、沒工作的人一旦上鉤，便有如水蛭上身一樣，一點一滴被榨乾血液。

It Works! 並非唯一和蘿絲接洽的公司，其他廠商一樣照三餐私訊她。「他們三番兩次在我相片底下留言，『請私訊我，妳很強，公司需要妳，妳是我們不可或缺的人才。』我不是沒回就是刪了……只不過有興趣的話也會跟他們聯絡，我想把握任何可能的機會。」蘿絲說，雖然她也分不大清楚孰真孰假。除此之外，蘿絲希望撕掉「心理有問題」的標籤，讓別人看見不一樣的自己。行銷工作確實讓蘿絲有資格自詡為生意人，她貼出那些符合自身「風格」的致敬文多少也吸引到了廠商，可是更多時候都是廠商先找上門，儘管她的社群追蹤數寥寥可數。

這是一個「轉傳」、「分享給更多人」便可以創造數十億商機的時代，任何人都能發揮社群影響力。公司企業三兩下便意識到，只要善加利用底層網紅的成名慾望，大可不花一分一毫免費推銷自家產品。其中一家聯繫蘿絲的公司 Palmpe 自稱是海灘風首飾品牌。Palmpe 的聯絡方式並非專用電郵地址，而是谷歌郵件，儘管如此，它每個月依舊能說服上千名年輕女生成為品牌代言人。

表面上 Palmpe 的招募手法相比 LuLaRoe 或 It Works! 似乎沒那麼惡質。它私訊上千名僅百人追蹤的 IG 經營者，她們多是渴望成為網紅的年輕女生。Palmpe 保證「代言人計畫」會提供免費首飾，獲選的幸運網紅只需負擔運費和包裝費用。廠商請蘿絲到官網選購一項商品，貴的單品兩百六十美元（約台幣七千八百元），最便宜的十六美元（約台幣四百八十元），她只要輸入優惠碼就能折抵全部金額，蘿絲聽話照做了。走過命運多舛的一年，現在蘿絲感覺自己美夢成真，不僅成為青春品

---

70 https://www.bloomberg.com/news/features/2018-04-27/thousands-of-women-say-lularoe-s-legging-empire-is-a-scam

牌的代言大使，還能免費收到各式各樣的首飾，彷彿只差一步就能仰賴網路社群謀生了。然而，天下沒有白吃的午餐，沒問題的往往問題很大。

Palmpe 把自己包裝成世上絕無僅有的首飾品牌，事實上消費者到阿里巴巴零售商城用不著幾分錢便能買到一模一樣的商品，反倒二十美元（約台幣六百元）的包裝物流費則是商品成本價的六十六倍，這才是 Palmpe 實際的盈利來源。Palmpe 的正體是直運電商（dropshipping company），可利用電子商務平台 Shopify 從境外向中國供應商下訂單，供應商再直接將商品寄送到指定買家手上。換句話說，Palmpe 有的不過是 IG 帳號和官網。

Palmpe 並非老鼠會沒錯，可是類似的公司不計其數，通通在剝削那些加入網紅市場淘金的追夢人。Palmpe「代言人」深信自己在幫助品牌吸引消費者，實際上她們就是消費者本人。我遇到很多充滿理想的底層網紅，起初汲汲營營追求成功之道，最後往往被騙得遍體鱗傷，有的人甚至上了美國總統的當。

所謂的闆娘課程

塔拉．馬坎夫（Tarla Makaeff）製作的 YT 教學影片乏人問津，她發起的網路挑戰更是令人興趣缺缺。塔拉的自拍照清一色經過 Facetune 美化，這款修圖軟體在女大生之間相當流行。除此之外，任何青少年愛不釋手的影片製作軟體，諸如抖音和 Triller，都能發現塔拉的身影。這個四十幾歲的加州女性在網路上儼然是十七歲少女，儘管她在現實世界更像隻九命怪貓。塔拉至今做過不少工作，演員、試裝模特、皮拉提斯老師、文案寫手……。她最新的「事業第二春」是待價而沽的社群經營大師，同時身兼女性創業社群「闆娘北鼻」（boss babes）的頭頭。她承諾社群裡的九〇後女性成員，只要掏錢繳學費，她就會傳授她們如何以網紅或創業家的身份在網路開創事業。

推銷員大國的盛名，美國當之無愧。二十世紀初美國製造業的成功得歸功於極富冒險精神的行銷人與野心勃勃的消費者，雙方藉由你情我願的買賣一步步攀上社會階梯的頂層。美國消費主義初萌芽時，挨家挨戶推銷的商人幾乎無所不在；今時今日，零售小販大門不出、二門不邁照樣能做生意。新時代推銷員的買賣場所是通訊軟體 WhatsApp，專賣標榜快速致富的工作坊，承諾讓你見識如何用一支智慧型手機發大財。他們販賣的是以專業為包裝的自信心，這項產品非旦不用半毛生產成本，還能無所限制地坐地起價。美國散文作家賈．托倫蒂諾（Jia Tolentino）寫道：「這個國家天生流著詐騙的血液，建基於唯利是圖、不擇手段的崇高理念之上。這段故事淵遠流長，和最初的感恩節一樣古老。」[71]

---

71 Jia Tolentino, Trick Mirror (Fourth Estate, 2019)

美國對於國家最初的騙局依舊倒背如流。國家人民一無所有之際，《美利堅合眾國憲法》（The Constitution of the United States of America）堂而皇之載入公民權、高呼國民權利的重要性；於此同時，美國原住民、婦女與非裔奴隸始終無法投票或擁有個人財產。當初的弱勢如今受邀上了談判桌、加入資本主義小試牛刀，至於那些久坐桌邊的大老早就賺得油光滿面。現在，自信膽大的推銷員化身網紅、騙子、名人創業家和自我標榜大師，一如那個好戰、愛放話的生意人——唐納．川普（Donald J. Trump），一路從網紅攀上一國總統的權力之巔。這個億萬身家的房地產富豪，靠著一所「大學」吸引期盼創業的追夢人，從此改變了他們的一生，這個人包括塔拉。川普大學（Trump University）保證傳授創校人的「房產秘訣」，主打由精心挑選的業師擔任導師給予全天候諮詢。殊不知到頭來，塔拉還有成千上萬名學員在課程中學到的是——上當了。

川普大學的存在印證生意人發大財未必要開公司，名氣響叮噹照樣有賺頭。這所大學理應善盡教育機構的職責，培育新一代房地產大亨與創業界後起之秀，結果它不過是下流商界搶錢的新把戲，招聘自詡快速致富專長的講師開設研討班和詐財工作坊。事實上，所謂講師不外乎是推銷員，收受二十五%的佣金，大力慫恿學員額外購買更昂貴的課程。[72]譬如某個免費研討班的目的就是讓學生花錢買要價一千四百九十五美元（約台幣四萬五千元）的課程，等到學生上鉤，再說服他們買高達三萬五千美元（約台幣一百〇五萬）的菁英方案。[73]假如學員無法負擔，校方會鼓勵他們刷信用卡買課，某些人最後收到帳單發現最終金額高達八萬七千元（約台幣兩百六十萬），令人瞠目結舌。最糟的還在後頭，學生指控講師和導師構成財務剝削（financial exploitation）。有人指控導師以學生名義貸款，[74]甚至強迫他們參與那些導師為既得利益者的交易。羅諾・史奈肯伯格（Ronald Schnackenberg）曾任職川普大學位於華爾街的總部，主要負責販賣課程的業務，他在宣誓書中下了最佳詮釋：「根據我替川普大學賣命的經驗，我敢說它是詐騙集團，看準上了年紀的人還有沒受過教育的人特別好騙。」[75]塔拉・馬坎夫是上千名受害者之一。

每年有上千人前往洛杉磯一圓成名夢，有別於這些活潑外向的年輕人，過去的塔拉絲毫沒有大城市土生土長的浮誇氣質，「以前我蠻內向的，小時候被霸凌過，」她說。中產家庭出身的塔拉並非一路順風順水，她描述自己出生後不久父親便死於意外，法裔加拿大籍的母親拿到賠償金後放棄

---

72 Stephen Gilpin, Trump U: The Inside Story of Trump University (OR Books, 2018)

73 https://www.nbcnews.com/politics/white-house/federal-court-approves-25-million-trump-university-settlement-n845181

74 同註解72，引自戈平。

75 https://www.theguardian.com/us-news/2016/jun/01/trump-university-staff-testimony-fraudulent-scheme

了全職工作。高中畢業以後，塔拉就像九〇年代其他女生一樣，憑藉年輕貌美的本錢進軍好萊塢。

塔拉生性極度害羞，可是她曾以臨時演員身份出演茱莉亞．羅伯茲（Julia Roberts）的賣座電影《新娘不是我》（My Best Friend's Wedding），且分別在《謀殺診斷書》（Diagnosis Murder）和《飛越比佛利》（Beverly Hills 90210）等電視劇擔任手替和燈光替身。她甚至做過「營造美女氛圍」的工作，「那時候快艇隊（Clippers）有比賽或什麼的，場館方會找小女生來做模特兒，實際上就是『美化場地』，當花瓶擺在那，其實就是氣氛模特啦。」總而言之，塔拉以前是產業搶著僱用的辣妹。

影視業最不缺的無疑是青春的肉體，幹這行光靠年輕貌美撐不了多久。所幸塔拉憑著一絲運氣成為文案寫手，一開始薪水少得可憐，越來越上手後則轉為高收入的自由接案者。她曾經一度單月清算兩萬美元（約台幣六十萬）支票，直到唯一的客戶公司重組，導致唯一的收入一夕之間化為烏有。雪上加霜的是，塔拉的母親此時病倒了。「我沒有丈夫、沒有第二收入，面對這一切我無所適從，我的工作沒了、我媽心臟病發，還要擔心房子的事，這大概就是川普那些有的沒的引起我注意的那陣子。」

川普掛名的品牌百百種，川普冰淇淋（Trump Ice）、川普航空（Trump Shuttle）、川普貸款（Trump Mortgage）……族繁不及備載，整理出他沒掛名的可能簡單得多。這些品牌退場的原因千篇一律是過度承諾、交付不足，並且遭控欺騙消費者。川普大學亦不外如是。據說名牌講師的單場費用高達兩萬五千美元（約台幣七十五萬元），專門說些激勵人心的銷售術語，「你來這裡是因為你想改善生活」、「如果你想個魯蛇就滾回家，如果你想成為人生勝利組，那麼底線處簽名，鈔票有一天會回到你身邊」。我在母親的福音教會也聽過大同小異的話術套路。據說大學裡最頂尖的推銷員詹姆斯·哈里斯（James Harris）的轉換率[76]是二十五%，換句話說，假設一千人參加聽講，哈里斯單槍匹馬上場就能幫川普大學賺進八百七十五萬美元（約台幣二·六億元）。[77]

川普大學裡的假講師真推銷員多半出自馬克·得弗（Mark Dove）之手，據川普大學前員工史蒂夫·戈平（Stephen Gilpin）描述，「得弗是業內傳授強迫推銷術的祖師級人物。」[78]川普聲稱講師清一色經過他本人欽點，校方卻沒半個資深人事主管針對講師進行詳盡調查。[79]根據戈平的說法，校內講師不止教授「極其可疑」的銷售策略，更違反消費者保護法，明目張膽教唆學生從事詐欺。

---

76 譯註：推銷員將來客數轉化為銷售數的比率。

77 同註解72，引自戈平。

78 同註解77。

79 同註解77。

不止如此，他們還會慫恿學生加入龐氏騙局等可疑的投資項目。史奈肯伯格談到，「這所大學的終極目標是竭盡所能迅速賺錢，而非教育學生了解房產投資。」

塔拉發現不對勁卻為時已晚。[80]「我原先不打算投任何錢，畢竟才三天的研討班就要七百五十美元（約台幣二萬三千元）有點嚇到我了，最後他們繞了一大圈多賣我們三萬五千美元（約台幣一百〇五萬元）的課程。正常情況下我不可能買，可是當時走投無路才讓人有機可乘。況且當時我想搞不好可以讓戶頭重回六位數，甚至超出過去賺的的數字。」然而，塔拉根本付不起課程費用，遂聽了學校的話刷信用卡買單。塔拉一如所有買了菁英方案的學生，聽信業師會幫忙分析交易，可是他們的建議往往有損她的利益。有一次，她在交易時錯誤引用業師提出的不動產估值，一大筆錢差點打水漂，所幸她即時改變心意，卻發現不動產文件已經被不肖人士冒名簽字。有的學生則指控業師盜用自己身份辦理信用卡。

史奈肯伯格表示他任職期間從未見過川普本人，暗指這位億萬富翁對學校教育毫無貢獻。話說回來，川普有沒有「盡心盡力」有差嗎？這所假大學真公司一直恪守「騙好騙滿，盆滿缽滿」的至理啊。

塔拉逼不得已找上律師，並且發起集體訴訟，號召受害者挺身而出控告那個即距離總統大位一步之遙的男人。沒想到川普竟然為了報復而反告塔拉，將她逼到了自殺邊緣；所幸塔拉沒有放棄抗爭，最終和川普達成訴訟上和解——這是美國版大衛要打敗歌利亞唯一的可能。起初川普還放話絕不妥協，不過開庭前幾天旋即屈服，且付出高達兩千五百萬美元（約台幣七．五億）的驚人和解金，這筆費用將平均分攤給索賠人。[81]塔拉將此次勝仗視為畢生最英勇的事蹟。不過千算萬算，塔拉竟沒算到自己打倒了川普之後竟成了女版川普。

訴訟和解對塔拉而言如釋重負，可是人生難題並未就此迎刃而解。名下房子賣掉了，母親也過世了，至於唐納．川普則順利坐上總統大位。沒了工作的塔拉彷彿二十出頭的社會新鮮人找不到人生方向，唯一不同的是她不再新鮮。等待和解的那些年裡，塔拉不斷嘗試各式各樣的職業，包括在高級健身房伊寇納斯（Equinox）當過一陣子皮拉提斯老師。「我離開職場這麼長一段時間，很難再投入任何工作吧，」年紀逼近五十的塔拉如今仍孑然一身，「感覺沒多少時間邂逅另一半、結婚生子了。」塔拉越說越小聲。

回想二十幾歲擔綱各類型模特的經驗，現在的塔拉決定重回老本行。雖然她已經不適合試鏡氣

---

80 https://www.theguardian.com/us-news/2016/jun/01/trump-university-staff-testimony-fraudulent-scheme

81 https://ag.ny.gov/press-release/2018/ag-schneiderman-statement-final-trump-university-settlement

氛模特，可是她發現試裝模特雖然案源不固定，收入卻很可觀。儘管這份工作讓她付得起帳單，卻不足以作為人生事業，因此塔拉開始尋覓更有賺頭的工作。接下來，她看到高中同學在臉書貼文，說是和大家分享賺錢的機會。

塔拉一派天真地回覆貼文，渾然不知即將掉入另一個吃人不吐骨頭的商業生態，裡頭的掠食者一個比一個懂得剝削無知消費者。那則貼文大方邀請臉友加入多層次傳銷，更許諾所有新會員一片嶄新錢景。信以為真的塔拉才逃出一場騙局又縱身跳入另一個坑人的窩。每當某個產品不成功，她就會換賣其他東西，「我做過首飾、護膚品和紅酒，這就像一種病，我看過不少網絡行銷的圈內人都有這種症頭，一個不行就跳槽到下一個。」一旦你踏入多層次傳銷，要想全身而退就沒那麼簡單了。多層次傳銷的盈利來源半靠銷售產品、半靠親友人脈，對深陷其中的會員來說，你不交會費就跟死了沒兩樣，因為你的錢就是維持關係的友情費。多層次傳銷的上、下線結構就像教會，講難聽點就像邪教。

日子一天天過去，塔拉改頭換面成為網紅兼行銷大師，時不時在 YT 頻道和臉書商業粉專上傳影片，教人如何利用簡單的心理遊戲拉人加入多層次傳銷，猶如當初任職於川普大學的業師。她告訴會員推銷的秘訣是假裝沒有要賣東西，而是要徵求其他有潛力的新人，「你有沒有認識的人可能有興趣？」宛如這個大好機會不是為他們準備的。「就像大人跟小孩說不准吃糖，小孩只會越想吃，」塔拉說，「這招讓人卸下心防。」她甚至表示曾經試著拉自己的醫生入會，並且鼓勵粉專追蹤者積極招募承諾型購買者（committed buyers）**82** 來展現事業心。雖然塔拉用的是強迫推銷那套，但她絕對不會慫恿新人或會員借錢繳會費，而是鼓勵他們舉辦「二手拍賣」籌錢。她甚至向新人開出折衷方案，「另外找三個入會就免會費。」

影片裡不難看出塔拉時常跟風賣這個那個，像是把比特幣（Bitcoin）捧得天花亂墜，然後大力鼓吹親朋好友來投資。儘管影片裡洋溢著成功人士的氛圍，現實生活的塔拉卻過勉勉強強，「我在網絡行銷這塊沒賺多少，有賺，但不是大賺。」在網絡行銷的圈子裡，沒有大賺就是賠了不少，因此塔拉放棄多層次傳銷，整個砍掉重練。不過塔拉仍維持著網紅人設，「訂閱我的頻道，了解更多線上賺錢的機會」，儘管現實過得勉勉強強，她依舊在貼文裡大言不慚。

塔拉一天到晚四處在陌生人的社群頁面留言希望增加互動，不然就是花錢買廣告，或者在貼文底下附上一大堆標籤。她的 YT 影片觀看次數鮮少達到二位數，遑論上百、上千。塔拉在網路社群顯得格格不入，可是她往往執著非得找到捷徑。她在自己的臉書嵌入聊天機器人 ManyChat，「這很

---

82 譯註：應源於忠誠度五階段理論，指消費者對品牌建立情感後以使用該品牌自豪，因而大幅降低使用替代產品的機率。

火」，她說。聊天機器人可以同時和大量陌生人聊天，繼而增加互動和流量，至於互動的意義則有待商榷，倒是數量越多意味著可以增加越多追蹤者。「我的聊天機器人聊天人數多達二十六萬。沒在開玩笑。雖然不全是目標受眾，而且我根本不知道怎麼多出這麼多。」

儘管塔拉透過購買流量將臉書商業粉專的追蹤數增加到十萬人，絕大多數的追蹤者不是假人頭就是零互動，有的是程式機器人、有的本身就是數位行銷人，也就是說至今多數貼文底下都沒有任何留言。最慘的是，臉書將買流量視為不誠實的廣告行為，導致她的帳號被暫時停權。短期來看確實賠了些錢，不過她的策略果然奏效了。塔拉四十多歲時在線上建立了貌似擁有龐大受眾的社群平台。社群媒體專家認為，倘若網紅利用見不得人的手段灌水追蹤數，並且企圖以此作為交易籌碼，那麼可以視作某種詐欺行為。然而，無論如何，現在塔拉的追蹤數看起來不得了，她打算藉此販賣價值一千美元（約台幣三萬元）的數位工作坊，以自己為成功案例教人如何建立社群媒體追蹤數和發展網紅事業。

塔拉在網路上精心營造某種人設，感覺就像她的追蹤者。一個加州土生土長的白人中年女性，社群貼文充斥著「嘿寶」（hey boo）、「妹子我懂妳」（I got you girl）等非裔美籍女性慣用語。塔拉在網站上向瀏覽者喊話，「歡迎索取免費的網絡行銷策略，一舉吸引口袋飽飽的客戶，迎向財富自由的人生」、「還在學過時的社群行銷和線上行銷嗎？妹紙我是過來人。」塔拉甚至自費出版《網路行銷必備指南》（The Essential Guide to Online Marketing），主打年齡介於二十五到四十五歲的女性，她解釋這些女人一方面有別的正職，另一方面期許有朝一日能自行創業，就此躋身好野人的行列。換句話說，塔拉的受眾是和她一樣的女人，用她的話說就是「闆娘北鼻」。

塔拉約莫二〇二〇年創建闆娘北鼻，這個群組的理念和其他社群大同小異。頂大畢業的女性與日俱增，她們站上越來越多高階職位，繼而著眼於成為豪門而非嫁入豪門。於是女性賦權搖身一變成為市值億萬的產業，帶動整個業界的講者、獎項和活動如雨後春筍，承諾帶領雄心壯志的年輕女性收割資本主義的報酬；殊不知，唯獨那些已然睥睨群雄的權勢女性才有機會更上層樓，藉由演講和贊助橫掃資本主義的名利場。

塔拉創辦的臉書社團毫無原創性可言，連名稱都是被抄到爛的老梗。幾年前兩個 IG 網紅創立「闆娘北鼻股份有限公司」（Boss Babe Inc.），主推所謂的「十二週 IG 經營加速器」課程，教幼齒女生壯大粉絲群、化追蹤數為鈔票數，而且只要心動價兩千兩百九十七美元（約台幣六萬九千元）。[83]闆娘北鼻創辦人均為英國網紅，目前住在洛杉磯，她們不光風情萬種，濾鏡也套很重，現在追蹤

---

83 https://bossbabe.com/

數已經突破三百萬。至於塔拉的闆娘北鼻，我寫這本書時，社團才六十八名成員，其中至少三個是她創的分身，社團成立時間約莫是她自詡為社群大師那陣子。

我問塔拉，經歷一連串失敗，是什麼讓她覺得自己夠格稱為創業專家？此時她變得防備心十足，接著含糊其辭地說：「聽好了，這有討論空間吧。我知道有人說要成為專家必須經歷一萬小時的磨練。看看這些年，我一路走來到底累積了多少小時，可能沒有真的到上萬，就算沒有，肯定也很接近專家的狀態了。我真的懂經營社群需要的所有條件。」「那麼妳靠經營社群的收入大概多少？」塔拉給了個差不多的回覆，可是她承認沒那麼賺。就連有沒有達到最低薪資也不得而知。「我的事業還在草創階段，有賺，但不是大賺，錢都來自社群和聯盟行銷。」儘管如此，她依舊自認夠格開辦一千美元的數位網紅課程教授年輕女生。「我傳授她們整套經營法則，包括最終計畫，因為妳到線上討生活，最大的問題是處處是謎團。『怎麼真的在線上賺錢？』、『其他人都怎麼做的？』感覺根本沒人想分享自己的方法。」事實上人人都在分享，還堂而皇之收費，就算他們對這塊一無所知。

全球專業線上教學市值兩千八百億美元（約台幣八．四兆元），[84]其中大多是經過合格認證的菁英事業課程，至於期望透過進修增加就業選項的一般勞動人口則會遇到越來越多自賣自誇的庸才或自我標榜的專家。如今，新興科技使得就業前景岌岌可危，打平生活成本和維持奢侈生活的壓力也水漲船高，因此進修提升收入的需求節節攀升也無可厚非。再者，自我成長產業的入行門檻低，自然招引那些遊走法律邊緣從事買賣的投機份子。大部分生意人有的是創業資金，但是現在你只需要一支智慧型手機和一個網站就能成為社群大師，這些通通用不著二十元英磅（約台幣七百六十元）。阿貓阿狗都能在網路搜到入門資訊，改寫一下，把自己重新包裝就能出發。現在有一種職業是創業教練，他們完全沒有生意經驗，還有一種是人生教練，但他們的人生歷練有限。

確實有些人毫不避諱地奉行弄假成真的歪理，而這樣的商業生態不光充斥著千禧世代，還有像塔拉一樣步入過渡期的中年人。其實社群大師能否創造商業利益甚或履行承諾算後話，關鍵是類似的服務是否存在市場需求？人們是否相信所謂的自我標榜和行銷話術？經濟窘迫自然使我們萌生改善生活的欲望，這份欲望卻變相成為有機可乘的牟利工具，一方面驅使川普總統掛上名諱供大學招搖撞騙，另一方面哄得塔拉白白損失三萬五千美元（約台幣一百〇五萬元）。

然而塔拉的事業第二春顯然是一大諷刺。過去她誤信所謂的「房地產保證課」，殊不知所謂的講師根本名不副實，甚至對房產投資一竅不通。如今，塔拉打著社群大師的名號開班授課，聲稱自

---

84 https://www.ft.com/content/c2114610-770f-11e9-b0ec-7dff87b9a4a2

己有能力幫助學員創業成為網紅或數位商人，事實上她在社群的絕大部份時間都是可有可無地掙扎過活。塔拉不是唯一一個行騙當追夢的人，有別於川普的利慾薰心，她的動力來自於雄心抱負。

為了抓住任何翻身的機會，所有人都可能昧著良心誇大專業，可是名不副實的自我標榜在網紅市場已然演變成大規模現象。塔拉確實具備文案寫手的背景，但社群經歷卻是捏造的，就連和她在線上有來有往的大抵也是同路人，彼此裝得相親相愛，只求一時的逢場作戲能換得實在的買氣。朋友人脈素來是做生意不可或缺的一環，然而過往的日子裡，私生活與生意場好歹涇渭分明。今時今日，朋友成了追蹤者、追蹤者成了社群流量，而社群的根本則是對虛假人設的崇拜。出身郊區的塔拉過去是害羞內向的女孩，現在則是立身都市的社群專家，是自信膽大的美國生意人。川普的行銷話術無疑是眼球經濟的不敗聖典，成功騙倒了包括塔拉在內的一大票人，而上當的塔拉再照本宣科行騙社群。

第六章

賺了就跑

近年來，只不過是每天的例行公事，上社群滑個動態，卻越來越像在打戰況激烈的躲避球賽。日復一日，我都不得不踩著靈巧步伐，閃過永無止盡的垃圾訊息，這些「激勵人心」的貼文不外乎是老鼠會、詐騙、網絡行銷、自賣自銷，看準那些心懷壯志的藍領網路使用者，大肆宣揚在社群媒體當道的時代，身無分文可說不過去。常言道：「若非出身富貴人家，自行創造財富即可。」某位想成名致富的無名小卒曾在社群上洋洋得意吹噓說，如果要選究竟是與億萬富翁共進晚餐，還是讓戶頭憑空冒出一百萬美元（約台幣三千萬元），比起直接拿錢走人，吃頓飯反而更有助於他躋身百萬富翁之列。這則推文不只爆紅，更成了負面教材，在推特上飽受奚落，但內容切實反映出現今世代無人不渴望白手起家，自立謀生，就算早已擁有穩定高薪工作，也往往會換得酸言酸語，被譏嘲是在賤賣自己。畢竟人生在世，不窮盡一切加入金字塔頂端那百分之一的有錢人，豈不白活了？

若不抱持類似的極端價值觀，要在各大社群平台闖出一番成績，可說是難上加難。舉語音社交平台 Clubhouse 為例，不少群組三不五時就大費周章爭論，到底「口袋空空的男人值不值得愛」。從群組對話便可見一斑。比如有位二十歲的學生認真發問，想知道自己是不是有權找女人約會，還根據江湖規矩，性愛理應是有錢成功人士的專屬特權，沒錢就別肖想了。這顯然早已是默認共識，是得先「多賺點錢」才符合條件，因為他目前半工半讀，但住家裡也吃家裡。原本只是眾人隨意聊聊的愉快話題，回覆卻瞬間暴增，我眼睜睜看著各方回應不斷冒出，速度之快簡直不是我上班通勤的公車班次所能比，只能勉強跟上腳步。不料回覆看得越多，越發現針對低收入群發表高見的人，在在暗示銀行存款沒幾毛錢，即代表人格有缺陷。

在這種歪風下，人人貪得無厭，一心想發大財，間接造就號稱致富之道滿天飛的現象，絲毫不令人意外，正所謂需求創造供給。只要上網搜尋「如何致富」，跳出來的結果就超過十三億筆；改搜尋 YT 影片的話，不乏聲稱可帶你見識「低收入要如何致富」或是「靠智慧型手機日賺一千美元」，總觀看次數都高達數億——但任一影片都只會誘你掉入詐騙陷阱，深陷麻煩。其中，人氣數一數二的詐騙手法便是「直運」，賣家根本連產品都無須經手，即可經營屬於自己的電子商務事業。

直運這種新興電商模式之所以盛行，要歸功於人人皆可取得的易上手、低成本軟體，因此不必實際經營業務或經手實體產品，也能架設網路商店。採用直運行銷，甚至可省去與供應商協議的繁瑣程序，只需要擔任中間商，負責販售全球速賣通（AliExpress）等中國線上零售平台列出的產品即可。代替人力處理一切的正是軟體。行銷主唯一要親自動手的地方，便是為品牌打造合適門面，以利行銷。而相較以往，現在多虧有網路架設 DIY 公司提供便宜模板，人人皆可輕鬆架設多功能專業網站，建立品牌簡直易如反掌，正好印證了其中一個架設平台 Squarespace 的座右銘：「網站將讓您美夢成真」。

利用 Squarespace 確實可在線上輕鬆打造像樣門面，但真正讓直運行銷得以成真的則是電子商務平台 Shopify。實際運作方式如下：顧客到你的 Shopify 線上商店下訂單，已設置的直運軟體會自動將這筆訂單的資訊傳送給你的直運供應商，對方備貨妥當後，便直接將商品送到顧客手上。Shopify 為行銷主省去繁瑣過程，誰都能立刻上手。你只需要挑選想販售的產品類型，平台內建的應用程式便會為你和永遠不會見到面的供應商居中牽線，讓你獲得產品相關資訊，以便把商品圖片上傳到架設好的網站。然而針對上述細節，平台網站往往隱瞞不報，社群宣傳影片也對此避而不談。除了架設平台外，直運行銷要能成功，關鍵祕訣必不可少：在臉書等社群網站打廣告。

二〇一四到二〇一八年間，臉書特意將演算法設計成能讓影片、照片、貼文易於瘋傳，網紅因而趨之若鶩，想趁機利用臉書擴展影響力——這項轉變吸引的卻不止是網紅。我還是大學新鮮人時，登入臉書，只會看到朋友的貼文，但近年來，形形色色的追夢人不擇手段與演算法一搏，接二連三在臉書大肆推銷產品，導致大家看到的不再是清一色的朋友動態，而是越來越多夾雜其中的直運產品廣告。臉書也坦承，儘管演算法一改再改，還是難以杜絕這些垃圾訊息。[85]有些行銷主甚至不惜以身試法，採用粗暴的不正當手段，借助暗中操作、欺瞞、背德行動，抑或是詐騙手段，違反臉書社群規範。在這一波「直運」瘋潮的背後，不論是和演算法作對，或是採用「惡意駭入」的手法，對數位行銷主來說都是家常便飯。

利用 Shopify 經營直運事業，不只可以自己當老闆，還能輕鬆躺著賺，更不必背負庫存賣不出去的風險。透過平台內建的應用程式，甚至連供應商都能幫你找好，你什麼都不必做，只要動手挑選想賣哪種產品就行了。每月只需二十九美元（約台幣八百七十元），你便能在全球頂尖的電商網站架設平台上，創建屬於自己的線上商店。自二〇一二年起，世界各地的網路使用者紛紛上 Spotify 註冊，總計已超過一百萬人[86]，但真正能脫穎而出的少之又少，名號最響亮的其中一位莫過於喬爾・

---

85 https://www.theguardian.com/technology/2020/mar/18/facebook-says-spam-filter-mayhem-not-related-to-coronavirus

86 https://www.shopifyandyou.com/blogs/news/statistics-about-shopify#:~:text=More%20than%201.2%20million%20people%20are%20actively%20using%20the%20Shopify%20backend%20platform.

康斯塔提諾（Joel Constartino）。這名數位追夢人巧妙運用駭客行銷術的手法，猶如一門藝術，教人嘆為觀止，還懂得利用網紅來讓自己的荷包賺滿滿，卻不必親自下海露面宣傳，種種技巧可說是達到爐火純青的地步。

加州夢

《富比士》雜誌報導過這位阿根廷裔美國人，盛讚他是網紅行銷的先驅，我就是看到這篇文章，才找上喬爾。我和他約在比佛利山（Beverly Hills）的蒙太奇飯店（Montage）碰面，這間豪華飯店是以西班牙殖民駐軍風格建造而成，稜角分明卻氣勢磅礴，宮殿式建築坐落於全世界最紙醉金迷的三角區域內，距洛杉磯的羅迪歐大道（Rodeo Drive）僅一街區之遙，這條大道素以象徵名利而眾所周知，舉目所見盡是各大高級品牌旗艦店，宛如血拚聖地。別說是窮人了，就連中產階級也高攀不起這塊街區，光是踏入就會被視為褻瀆之舉。位於此處的蒙太奇飯店，理所當然每晚要價從八百五十美元（約台幣二萬六千元）起跳。

喬爾在飯店的氣派大廳現身後，與我握手寒暄，在我正對面入座，只見他一身馬球衫搭智慧運動鞋，看起來一派輕鬆，相當自在。喬爾在訪談時透露，他喜歡邀賓客來蒙太奇飯店與他會面，好讓對方留下該有的印象，認為喬爾是個有頭有臉的大人物。二十八歲的他說起話來略帶拉美口音，但談吐得宜，不認識他的人恐怕不曉得，他早已從一幫為非作歹的網路盜賊中脫穎而出，成為屈指可數的人生勝利組。多本商業雜誌都曾以「網紅經濟鬼才」的頭銜，為喬爾撰寫專題報導，然而他真正拿手的是利用數位伎倆，輔以駭客手法，賺進大把鈔票。

喬爾的人生始於蒙太奇飯店的六千哩之外（約九千七百公里）：在阿根廷的土地上，以「顯赫企業家」的長子身分誕生。他表示自己小時候家境優渥，直到拉丁美洲在一九九八年爆發經濟危機，阿根廷首當其衝，深陷巨額債務危機，最終破產倒債，喬爾的父母也失去一切。「他們的存款全沒了，財產也全沒了，真的是一貧如洗。在走投無路的情況下，他們不得不為我們幾個兄弟的將來下定決心，做出最好的決定，也就是離開阿根廷，去其他更有發展機會的國家。」

於是，喬爾一家動身前往美國，在佛羅里達州安頓下來，巧的是，他們當時住的地方正好和我祖父母家位在同一區。然而，往日榮景不再。喬爾父母或許在阿根廷有錢有勢，如今踏上人人口中的「機會之地」，卻難以如法炮製，恢復過往生活水準——因為身在異鄉的他們已經是局外人了。我與喬爾碰面時，他父親年屆七十三歲高齡，仍在賣命工作。「你也曉得，他們來到美國，語言不通、沒有人脈，更何況年紀也不小了。他們不只身處異地，還是異鄉人，根本沒機會發揮真本事……我們兄弟都是在美國這邊長大，基本的食衣住行大致都不成問題，但也只是還過得去的程度，偶爾會連房租都繳不出來，還曾經無家可歸，大概一兩次吧，時間都不長，頂多幾天而已。」

對移民第二代來說，教育往往是實現社會流動的主要手段，但喬爾不是讀書的料，腦筋倒是動得很快。因此他高中畢業後，雖然進入布羅沃德學院（Broward College）就讀，卻不覺得適合自己，於是毅然決然輟學，投身創業。沒多久，他憑直覺便知道網路「梗圖」文化當時正在崛起，氣勢如虹。「梗圖」的源頭可追溯至網路使用者的習慣：大家在線上進行交流時，經常夾雜一堆表情符號與圖片。圖片來源有時是自拍照，不然就是業餘人士拍的爆紅照片，但大多都是截圖，直接取自流行文化的影音內容，例如迪士尼卡通或好萊塢大片。舉世最廣為流傳的媒體素材，正是這些五花八門的梗圖，不只有人拿來發推，還有人轉寄、轉發，每天都有無數梗圖在網路瘋傳。上至特定領域人士才能領會的內行人笑話，下至一般大眾都懂的單純諷刺，全無禁忌，各種玩笑在網路一點一滴累積，遂構成梗圖文化。

過去，爆紅梗圖跟新聞頭條沒兩樣，轉瞬即逝，不過有年輕世代開始蒐集這些梗圖，上傳到臉書和 IG 的專頁，打造所謂的梗圖帳號，轉貼與自己次文化、社群或特定主題相關的梗圖，而且每張都經過精挑細選，不是最好笑的可無法得到青睞。梗圖帳號的初衷其實很單純，就是要盡可能逗笑越多人越好。

二〇一二年，IG 創立後才過了數年，喬爾的朋友喬瑟夫便向他提議，乾脆來建立梗圖帳號。喬爾覺得這點子很讚，加上當時也有不少年輕人捷足先登，已經在經營專頁了。於是喬瑟夫在 IG 為兩人分別建立首個帳號，翻遍整個社群媒體，尋找瘋傳到不行的梗圖。短短幾年內，他們又新增了幾個帳號，追蹤數總計達上百萬。「我們同時經營五個帳號，有一千兩百萬人在追蹤我們，」喬爾表示。他當時還不滿二十歲。他們是最早開始蒐集再上傳梗圖的先驅，所以帳號大多選用容易搜尋的名稱，像是 @ipostvids（我上傳影片）。

「我們有個惡搞歌手名字的帳號，叫 @FerellWill（費瑞爾威爾）[87]，也有 @giftedvoices（超絕美聲），很快就搭上歌唱選秀節目的風潮，還有一個帳號是 @opticalillusions（視錯覺），專門貼些酷炫梗圖，內容都是用某個東西偽裝成完全不同事物的錯覺圖。等到上傳影片開始掀起風潮，我們立刻建立了算是主打拉美內容的元老級 IG，叫 @bestvinesLatino（拉丁裔最佳短影片）。我們當時專攻西裔相關的內容，先找各種 Vine 短影片，再上傳 IG，成功吸引一大票拉丁裔來追蹤。」

要記得的是，這些笑話、圖片或影片的創作者根本不是喬爾和喬瑟夫，他們只不過是看到大家在分享的有趣內容，再統一轉貼到某個 IG 上，但要認真經營帳號的話，這種精挑細選的過程是必

---

87 譯註：此帳號應是惡搞美國知名饒舌歌手菲瑞・威爾斯（Pharrell Williams）的名字。

要手段，又稱為「策展」（curation）。當時，世界各地的年輕世代光靠單一帳號上傳梗圖，便能吸引大量關注，追蹤數更與日俱增，而這些十幾、二十幾歲的年輕人，少說也有數千人，喬爾和喬瑟夫只是其中之二。然而他們還不曉得，這些帳號將成為自己的生財工具。

據喬爾所說，看到主題專頁的追蹤數暴增後，他和喬瑟夫開始仔細研究多家公司的來信，內容全是請他們利用帳號，暗中推銷自家公司的產品。「我們那時的追蹤數有一千兩百萬。幾個月後，有家叫史瑞茲（Shredz）的營養品公司就寫信來，要我們在專頁打付費廣告，可以說就是這個提議才讓我們領悟到，原來這個閒來無事培養的嗜好居然可以拿來變現……我們還可以去 IG 找遍類似的品牌，甚至地方商家也行，向對方提出合作邀約。最後，我們真的就開始出售專頁上的空間，讓他們投放廣告。」二〇一二年，社群媒體的主題專頁幾乎清一色都看不到廣告；如今，帳號主紛紛收錢幫忙推銷任何你想得到的內容，不論是優步等叫車服務的應用程式，還是博弈公司的宣傳，無所不有，廣告也往往偽裝成專頁上傳的梗圖（通常都違反既有廣告規範）。

與史瑞茲公司產生交集的喬爾，人生就此踏上另一條路。史瑞茲專門販售標榜有助於減重和健身的營養品，老早便開始採用網紅商業模式，也懂得利用 IG 上人人過度在乎身體意象的文化，畢竟 IG 隨手一滑，不是驚人的六塊肌，就是嘟嘴的擺拍照。而這間公司不只想買下喬爾那些主題專頁的廣告空間，還邀他到紐澤西工作，有職稱，也有薪水。喬爾最終答應了，但接下這份工作就必須離家，代表他和喬瑟夫共同創建的主題梗圖專頁雖然大有賺頭，卻不再是自己的收入來源。「我們當初根本沒有聊到什麼公平分帳或協議，單純只是兩個高中朋友一起經營多個帳號罷了。然後我們分道揚鑣，我準備去做別的事，他則選擇留下來。他後來賣掉一些帳號，加總起來賺了十萬美元（約台幣三百萬元），但沒有賣掉全部，還是留了幾個，繼續親自經營，」喬爾說，「我是自己選擇在二〇一三年離開，出去闖盪，總不能七年後又回來說我要分一杯羹吧。」

喬爾抵達紐澤西後，才首度真正踏入社會，在那之前，他連自己的衣服洗都沒洗過。這位曾是媽寶的年輕人，開始為史瑞茲具有法人名義的血汗工廠賣命，辛苦歸辛苦，薪水卻相當優渥，讓年僅二十二歲的喬爾頓時成了家中賺最多錢的人。

史瑞茲公司的創辦人是艾文．拉爾（Arvin Lal），這位年輕網紅極富事業心，根本沒比喬爾大多少歲。整間公司有六十多名員工，年齡中位數是二十五歲，喬爾推估自己如果不是最年輕的，一定也相去不遠。公司規定核心員工都要到紐澤西倉庫埋頭苦幹，喬爾每天得輪好幾次班，拚了命工作。「上班時間是從早上九點到晚上六點，短暫休息後，晚上九點還可以回去繼續工作到午夜。我們都住在離辦公室一哩半（約二．四公里）的地方，公司都付好房租了，還規定我們一定要住那些社區大樓，這樣就沒人能找藉口蹺班或遲到了。」喬爾的主要工作是出錢請特色主題帳號貼出隱蔽式廣告，這類廣告會偽裝成梗圖，再加上一小段文字，呼籲追蹤帳號的粉絲去追蹤史瑞茲，也就是假借「致敬」之名，行推銷之實。

「我們專攻主題帳號，簡直都跟我先前經營的帳號沒兩樣，廣告費平均一週都要花上二十萬美元（約台幣六百萬元）……我們提供的都是些足以瘋傳的騙點擊內容，全打上短短一行聳動文字，像是『想知道甩掉背後贅肉的祕訣嗎』或『欲知身體排毒詳情，追蹤史瑞茲營養品』，然後利用那些帳號打廣告，吸引潛在消費者追蹤我們的IG……下一步就是招募微網紅或運動員來替我們宣傳，我說的運動員，是指那些在IG很上鏡的素人。」

史瑞茲聲稱自家產品已協助成千上萬人「掌控屬於自己的人生，成為理想中的自己」，明明聽起來很可疑，卻依然不少人買單。公司營養品之所以能大賣，要歸功於以驚人速度增加的行銷推手：在IG找到歸屬的健身房訓練師與模特，個個身材完美，無不符合史瑞茲的招募條件。他們會向追蹤者提出三十天瘦身挑戰，接著表示只要使用史瑞茲的產品，就能改頭換面。史瑞茲鼓吹底層網紅上傳健身房自拍照與裸上身訓練照，大方秀身材，並標上主題標籤 #Shredz（史瑞茲）和 #ShredzArmy（史瑞茲軍團）。據最後一次統計，標註這些主題標籤的貼文將近有五百萬之多。

然而成名並非毫無代價，史瑞茲最終也捲入爭議之中。88 追蹤者慢慢開始發現，公司主打的數名「運動員」為了讓照片中的肌肉線條更為分明，使用 Photoshop 等軟體修圖。89 有些人甚至動過整型手術，卻把身材的種種變化歸功於自己努力上健身房，以及服用史瑞茲營養品的功效。這些史瑞茲行銷推手一一被爆料是騙子，卻無法安上詐騙罪名。值得玩味的是，他們或許沒有違法，卻意外建立出新法則，備受新世代 IG 使用者推崇。史瑞茲不是唯一利用 IG 來達成目的公司，其他公司也投入數百萬美元打廣告，向千禧世代提出挑戰，看看誰能擁有完美身材，間接助長這股競爭歪風，導致 IG 隨便一滑，照片幾乎全是可望不可及的目標身材。根據喬爾的說法，史瑞茲發明的那一套廣告手法，現在早已是不肖業者利用民眾不安全感來牟利的標準做法了。「我們才是開山始祖啊，」他如此主張。

喬爾為史瑞茲賣命的期間，可是學會了不少為他老闆賺進大把鈔票的伎倆，包括要如何物色第一時間便能吸引目光的網紅、如何在社群平台買廣告，以及各式各樣遊走道德邊緣的惡意駭入行銷祕訣。久而久之，他也看得出來，身處這波新世代社群淘金熱，只要敢冒險，必定會換來豐碩成果。喬爾不甘於為人做牛做馬，而想親身參與，於是提出辭呈，買了飛往加州的單程機票，就此出發。

「大家談到什麼流行趨勢，一定會先想到洛杉磯啊加州啊，但更準確來說，洛杉磯才是人人的夢想

---

88 https://www.youtube.com/watch?v=pIMiazcR96E=UgionhuqPuvbgHgCoAEC

89 https://www.youtube.com/watch?v=iDfl2khJK1g

之地，」在陽光的照耀下，他邊說邊往後一靠。喬爾從東岸轉戰西岸，如此大膽放手一搏之舉，確實獲得了回報，過程卻並非一帆風順。不過他還是利用推特把某個女人追到手，娶了對方，並跟來自佛羅里達的老友喬瑟夫團聚，原來他也搬來了加州。兩人再次合作，開了一堆皆以失敗告終的創投公司，有幾間試圖模仿史瑞茲的商業模式，還有一家是行銷顧問機構。

「經歷這樣一連串失敗，很多人八成都會就此收手不幹，但我可不一樣。失敗當然也會讓我很受傷啊，不過我大概失落個一兩天，就會振作起來，再努力嘗試。」喬爾這種打不死的心態，讓我想到電視卡通系列《笨奇與大頭兩隻老鼠打天下》（Pinky and the Brain）的實驗小鼠主角們。笨奇會問牠詭計多端的朋友：「你今晚想做什麼？」大頭每次的回答都是老樣子：「跟我們每晚做的一樣，想辦法統治全世界。」面對事業接連失敗，喬爾想搖身變為百萬富翁的決心卻益發不可動搖，堅持最終也有了回報——他在網路直運的灰色地帶中殺出重圍。

沒錢下臉書廣告？鑽漏洞就好啦！

二〇一七年，喬爾和喬瑟夫一同建立了購物網站 Shopolis，標誌是藍底上有個大大寫著 S 的白色價格標籤，頁面設計刻意仿效亞馬遜購物網，販售的商品全來自中國供應商，直接由他們的倉庫出貨，從自動攪拌茶杯乃至迷你直升機，幾乎包山包海。喬爾為了讓眾多買家能看到自家任一產品，不只付錢給臉書打廣告，也在網路投放隱藏得神不知鬼不覺的廣告，到處宣傳。「其實都是些噱頭十足的產品啦，像什麼鬆餅翻面模具，事實上，凱莉．珍娜還曾經在IG限時動態親自實測效果。它看起來就像個紅色大圓圈，圓圈裡面又開了幾個更小圈的洞，整片可以平放在平底鍋上，材質應該是矽吧，」喬爾向我如此說明，要使用的話，得先另外製作鬆餅麵糊，「再倒滿那些小圓圈，把整片模具翻過來，一次就能煎好五片鬆餅。全是噱頭啦……就只是這樣的愚蠢小玩意，但每天都能賣上一萬件，累積起來，可是能大賺一筆。」

喬爾無時無刻都在留意是否有機會擴大事業版圖。談到網路商務平台，臉書和谷歌的霸主地位無人能及，事業規模之龐大，已促使產品運送從人性化設計演變為系統化程序。只要有人在這些獨大平台上點擊廣告，就能保證有流量，不過作為代價，這些平台也會收取固定費用。因此，Shopolis直接在臉書建立了更新不間斷的粉專，省下一筆廣告費，上傳各種古怪小玩意兒的影片，這些影片通常是從其他賣家同行那裡偷來，再重新剪輯，迎合網路大眾的口味。靠著喬爾學來的伎倆，影片果然瘋傳了起來。Shopolis的IG追蹤數只有一萬一千，臉書上卻有三十萬〇五千人按讚追蹤。粉專最新上傳的廣告影片有三十四萬六千未包含廣告的自然觀看次數，以及三百七十則留言。互動率如此之高，教新聞及娛樂產業稱羨不已，恨不得能在自家社群看見這般盛況。吸引越多人，就代表賣越多，而據喬爾所言，Shopolis全盛時期每月收益可達五十萬美元（約台幣一千五百萬元）。然而，這之中有兩個問題：首先，Shopolis販售的產品幾乎很少名副其實，更糟的是，很多顧客都表示自己收到的商品並非他們訂的東西。事實上，更常見的情況是顧客根本啥都沒收到。這意味著他們戶頭的錢變少了，信箱卻不會哪天就多出該收到的東西。顧客驚覺受騙後，紛紛試著聯絡Shopolis公司，卻無人回應。

一名自稱貝蒂（Betty）的女性表示，她買了七個「迷你飛行球直升機」，想送人當聖誕禮物，結果半個都沒送來。她打去Shopolis公司想找客服，電話另一頭卻無人接聽。退休警察布蘭登（Brandon）得知老婆訂的東西也根本沒送來後，同樣採取了行動。他跑到消費評論網站Trustpilot留言：「別看我這個警探早就退休了，以前可是金融犯罪查緝小組一員，相關經驗不在話下，這絕對是最陰險狡猾的『詐財』手法。針對這筆交易，我已經代我老婆向PayPal提出異議了。」在該網站上，Shopolis的不良評價比例高得驚人，多達九十八%都留下差評。不僅如此，火冒三丈的顧客更開始將喬爾公司的所作所為回報給信用卡公司以及美國商業促進局（Better Business Bureau），控告Shopolis詐欺。我在書寫此段的當下，依然可以看到不滿的消費者在Shopolis粉專到處留言抱怨。對Shopolis有怨言的顧客成千上萬，可不只貝蒂與布蘭登，愛麗絲（Alice）也是其中一人。她表示自己寄了電郵想跟公司取得聯繫，「我寄信到客服支援詢問，結果沒人回信，我整個人他馬的超火大。從六月一直等到現在，貨就是不來……就不能該死的回個信嗎！老娘早付錢了！」結果還是一樣杳無音訊，彷彿整家公司不存在似的。但就許多方面來說，它確實不存在，因為從Shopolis的角度來看，公司只負責推銷商品，可不負責運送。

消費者向美國商業促進局大量投訴 Shopolis，導致 Shopify 最終不得不關閉該購物網站，迫使其停業。然而喬爾和喬瑟夫另起爐灶，換湯不換藥，改了新名稱，開了新商店。對喬爾來說，被勒令歇業只不過是職業風險，真正的挑戰是趁行跡敗露前，能賺多少就賺多少。「絕大多數的直運商品都來自中國，等於說運到美國要花上兩三個星期。反觀亞馬遜，大概只要兩天吧，有時候甚至當天就能送到。運送要花兩星期當然大有問題啊，等不到貨的人全跑去申請退款，還可能一時火大就留下負評，向 PayPal 回報這家公司有詐騙行為，然後又去找交易認證處理商抱怨，最後一狀告到 Shopify。所以啦，就算真的都把商品送到顧客手裡，盡力讓人人皆大歡喜，只要採用直運，運送時間永遠會是一大考驗，沒過多久一定會以失敗收場……不管到底是因為無法取得特約商店的認證，還是 Shopify 表示『客訴過多』，或網站圖片是盜用其他玩具公司有著作權的素材，網站最後的下場一樣都是被關掉……整個過程基本上都大同小異：上網去找其他公司八成投注了大把鈔票來生產的現有成品，借用一下，然後去找中國的山寨版，再放入行銷漏斗（marketing funnel）**90**，等著顧客

---

90 譯註：一種數位行銷理論，藉由曝光吸引大量潛在消費者，再透過一連串行銷手法，逐漸篩選出真正有興趣的消費者，最終將其轉換成一筆筆訂單；因為在這段過程中，潛在消費者會由多變少，猶如經過漏斗般，因而得名。

買單，讓錢不斷滾進來，過一段時間又重蹈覆轍，導致網站被關。」

我和喬爾坐在洛杉磯最光鮮亮麗的飯店大廳裡，談著信任他公司卻因此賠錢的顧客，對那些素未謀面的受害者，喬爾從頭到尾並未表現出一絲同情。對他來說，眼前所見的一切，才是他一心嚮往的世界。喬爾身為移民，又少了常春藤聯盟名校的光環，只不過是想靠著這一手爛牌，在體制中找到漏洞，闖出自己的一片天。他藉由不正當手段賺取的收益，數字確實可觀，但 Shopolis 被有關當局勒令歇業時，他依然負債累累。「表面上，我們看起來做得有聲有色，不只影片的觀看次數達上百萬，連 CPA（cost per action，每次行動成本）也壓得很低。但實際上，我們的團隊成員沒有誰是財務專家，所以根本沒做基本財務報表，也沒有什麼損益表。我們就得過且過，覺得賺到錢了，馬上開始裝闊，每晚去吃大餐、租藍寶堅尼（Lamborghinis）跑車、住比佛利山的華廈。隨便這樣撒錢，又不曉得公司淨賺多少，結果用膝蓋想也知道，當然是某天醒來才驚覺：噢，媽的，我以為我們賺了那麼多錢，其實卻慘賠。」

Shopolis 倒閉清算後，喬爾聲稱公司欠下的債務多達三十萬美元（約台幣九百萬元），他為了還債，又和喬瑟夫架設了新的直運網站，看準即將到來的聖誕節，決定專賣玩具。「這次的網路商店光是在十二月就賺了兩百萬美元（約台幣六千萬元），那時剛好差不多玩具反斗城（Toys "R" Us）宣告破產，我們才得以好好利用一番。」新成立的這家 JoyToys 成了受騙父母的最大噩夢——

聖誕節一早拿不出禮物送小孩。凱瑟琳（Catherine）是其中一位上當的顧客，明明訂了禮物，卻什麼也沒收到。於是她上JoyToys網站，拚命提出客訴，喬爾的團隊卻直到聖誕節將近兩週後，也就是一月四日才回信。他們在信中為送貨延遲道歉，卻把責任歸咎於交易認證處理商，並保證提供禮品卡作為補償。三個月後，凱瑟琳還是沒收到半點東西。自那之後，JoyToys也一樣被迫歇業。儘管事業屢屢受挫，喬爾依然不認為自己是詐騙慣犯，只不過是一個屈居劣勢的人，企圖在美國夢的大餅中分一杯羹而已。他就像許多胸懷大志的追夢人，期盼靠著智慧型手機和一票社群帳號，加上幾招能駭入大型平台的伎倆，有朝一日能以小搏大，與科技巨擘的龐大勢力相抗衡。

「是有一種方法啦……可以讓每個直運賣家都賺大錢，簡單來說就是找到能打進大批名流網絡的人，花錢跟對方買帳號存取權。」喬爾指的是直運賣家只要找上那些負責管理流行歌手和網紅社群帳號的公關人員，給對方回扣，便有機會在追蹤數達上千萬的專頁裡，神不知鬼不覺地替自己打廣告。「臉書為什麼影響力那麼大？原因就是它的分享機制，看到廣告的人會像滾雪球般不斷增加。」他還舉例說明：之前他曾上傳一部短短三十秒的產品影片，影片瘋傳後，不到四十八小時，留言便暴增五萬則，影片也附上了點擊就能看到他直運商店的連結，效益可想而知。

他口中這套伎倆正是「刻意分享」，由於惡意濫用的直運賣家以及像喬爾這種詐騙慣犯過於猖獗，用戶隨手一滑都是類似的廣告，逼得臉書最終明令禁止。細究背後原因，其實不難理解：臉書與谷歌幾乎壟斷了數位廣告市場，提供平台讓電商網站宣傳，藉此賺取收費。然而喬爾等人利用刻意分享，規避付費，顯然違反了臉書的規範。「過去六個月，臉書真的是大張旗鼓，開始發出禁制令，還對外宣稱什麼『刻意分享大有問題』，但事實上，臉書會採取大動作，只是因為原本該有的收益被我們這些人瓜分掉了，而且比起付錢給臉書打廣告，我們利用刻意分享賺到的錢，投資報酬率可是高了二十倍。」

喬爾的其中一項策略，便是想盡辦法讓自己的刻意分享逃過臉書審查員的法眼。「你其實可以在動態消息裡隱藏貼文，所以就算去看動態，或是去任何名人粉專，都不會在動態中看到被隱藏的貼文。」這則隱藏的廣告貼文不會顯示在名人粉專的動態中，但粉專的追蹤者依然看得到。

為了反制喬爾這種想鑽漏洞的不肖業者，臉書展開徹底制裁並改變演算法，同時希望透過專為內容創作者打造的「Watch」功能，拉長使用者停留在平台觀看的時間。令人驚訝的是，喬爾聲稱自己找到了辦法，能把有利可圖的 Watch 頁面搞到手——方法就是收買臉書旗下的員工。他向我表示：「你可以拿著鈔票去賄賂臉書自家員工，只要說『嘿，給你五千美元，我要使用那個頁面的權限』，他們就會去後台改設定，讓我們或整個社群想在頁面上放什麼都行。臉書市值上億，事業蒸蒸日上，結果旗下員工還利用網紅、創作者、直運賣家的名氣，替自己賺好賺滿。我個人從來沒有拿錢給臉書的誰辦事，也從來沒有匯錢給臉書的哪個人，不過公司確實有付錢叫人去幫我們打通關。」

喬爾自稱，他們利用這種非法偷渡的手段，成功掌控了四個臉書 Watch 頁面，但最終都被這家科技巨擘撤下。「Shopolis 曾經有一整個 Watch 頁面，看上去跟電商網站沒兩樣。本來這一切根本不可能成真，畢竟 Watch 的設計初衷完全不是拿來這樣用。」他表示為了擁有能大肆宣傳 Shopolis 的臉書頁面，好衝一波業績，賄賂臉書員工好幾次，前前後後花了將近三萬美元（約台幣九十萬元）。「那點錢不算什麼，我們肯定賺了十倍。」臉書大力打擊不肖業者後，祭出了更嚴格的政策規定，也對利用自家平台抄近路的手段提高警戒，在在都讓喬爾這種非法偷渡客更難以生存。「他們會砍掉帳號，臉書、IG 都一樣，搞各種有的沒的動作，基本上就是要懲罰啦，讓你知道他們不好惹，也是會從中學到教訓。但天無絕人之路，人類向來都能靠動腦筋想出法子，」他最後以這句富有哲理的話作結。

無所不能的強大企業組織早已壟斷注意力市場，面對如此對手，喬爾的種種掙扎也只是困獸之鬥。「憑什麼找到方法推銷自家產品就得受罰啊，你說是不是？又沒有傷害誰，也沒偷走什麼，根本沒造成誰的損失，只不過是找到漏洞可鑽而已啊。我不覺得這樣想盡辦法的努力成果活該受罰，反而應該大肆讚揚才對。」即便喬爾如此哀嘆，對那些因為他的「努力」而受騙的上千名顧客來說，也於事無補。這些顧客全是在他的直運網站購物，買了大量便宜生產的商品，等到驚覺永遠收不到貨，才發現自己被詐財，成了詐騙受害者。

在茫茫網海中，若說何處錢途無量，絕對是帶動網紅產業的電子商務產業，如今產值已達二十五・六兆美元（約台幣七百七十兆元）。91不過電子商務僅占商務產業兩成92，網紅市場再怎麼興盛，也難以企及前者的全盛時期，更遑論入行門檻極低93，只要有心，人人皆可能成為網紅，這無疑是一大賣點，而且隨著整體環境變得更難以預料、破綻百出，想分一杯羹的人將只增不減。喬爾的親身經歷也許乍看只是單一事件，但身處這種大環境，我們很難不順應潮流上網買賣。那些看起來事業做得最有聲有色的人，往往都想盡辦法，駭進大型平台規避既有規範。但等到他們發現自己不只違法，更成了有關當局的標靶，才是真正大難臨頭，插翅也難飛。

91 https://unctad.org/press-material/global-e-commerce-hits-256-trillion-latest-unctad-estimates

92 https://internetretailing.net/uk-ecommerce-accounts-for-19-of-total-retail-making-it-worth-233bn-20971/

93 https://www.theinformation.com/articles/people-follow-people-and-other-themes-on-the-creator-economy?utm_source=ti_app

第七章

「外線」交易

一九八〇年代的賣座電影《華爾街》(Wall Street)描述虛構內線交易員葛登・蓋柯(Gordon Gekko)的故事，本應發揮警世作用，揭露大企業何其貪婪無厭，卻誤打誤撞，成了華爾街有史以來數一數二成功的招募宣傳影片。三十年後，靠著低價雞蛋水餃股賺取不義之財的喬丹・貝爾福(Jordan Belfort)，在當今社群世代裡再度掀起對華爾街的狂熱憧憬，這無非是拜電影《華爾街之狼》(The Wolf of Wall Street)所賜：片中飾演貝爾福的李奧納多・狄卡皮歐(Leonardo DiCaprio)演技精湛，使貝爾福就此聲名大噪。現在上網隨便一搜，便能看到李奧納多扮演貝爾福的劇照搭配激勵人心的電影金句，其形象更成了新世代熱血追夢的效仿對象，這些人極端的消費主義至上態度，連一九八〇年代的享樂主義人士也會自嘆不如。

現實世界中的喬丹．貝爾福即將邁入六十歲大關，儘管已被判詐欺罪成立，IG 追蹤數依然高達一百萬。網路上有一整個世代把貝爾福奉為偶像，將他高潮迭起的人生經歷視為白手起家的典型故事，也就是如何逃離貧困，搖身變為富翁。他靠著以一夕致富為主題的巡迴演講，收入頗豐，臉書也樂於幫他宣傳貼文，加上年輕男性仰慕者時時刻刻都在線上密切追蹤他的動態，研討會門票往往銷售一空。當平凡無奇本身就是一種罪，根本沒人在乎貝爾福的詐財對象，正是那些腳踏實地工作的平凡男女，因為最糟的情況莫過於無法一路往上爬，躋身成功之列。此外，社群平台的氛圍也會刺激使用者捏造出理想中的自己，於是面對各種成名致富的壓力時，為達目的皆可不擇手段——即使詐騙也行。

那些慕名而來的年輕男性全是貝爾福的信徒，如今也緊跟著偶像的腳步，自稱是身價百萬的外匯交易員，吸引大批追隨者。但實際上，他們的種種舉動只不過是把戒心不高的年輕人、青少年，甚至是孩童，大肆拉入全球規模的老鼠會之中，間接替經手高風險金融交易商品的未受監管公司，帶來數十億的龐大收益。這些人就是所謂的 IG 之狼，一群披著金融分析師外皮的社群網紅。

無經驗可，誠徵交易員

二〇一七年，我代表《衛報》訪問伊萊亞．歐耶菲索（Elijah Oyefeso），這名年輕人由於白手起家的驚人故事，頓時成了鎂光燈焦點，備受矚目。伊萊亞當時年僅二十一歲，出身於南倫敦的貧窮社區，大學中輟，如今卻成了自立自強的金融奇才，財運亨通，得以盡情享受人生。他不只在林中豪宅直播交易過程，也上傳影片，拍下自己身穿浴袍、頭戴銀色無邊呢帽、開著電藍色勞斯萊斯（Rolls-Royce）的模樣，鼓勵年輕人別錯過自家貿易公司「美夢成真」（Dreams Come True Ltd.）提供的千載難逢機會。據伊萊亞聲稱，已經有上千人抓住這些機會，尤其在他聲名大噪後，人數更是直線上升。

伊萊亞在老家的破舊社區被視為當地英雄，耳根子軟的青少年也受他的故事鼓舞。日積月累下來，伊萊亞的社群追蹤數達數十萬，甚至引起主流媒體的注意，英國各大報《每日快報》、《太陽報》、《泰晤士報》（The Times）等爭相報導他的種種非凡成就。他最終還登上英國電視第四台（Channel 4）的紀錄片系列節目《富孩購物去》（Rich Kids Go Shopping），而根據伊萊亞某位摯友的說法，節目在全國播送後，他簡直是紅透半邊天，來自英國各地的訊息如雪片般飛來，每個人都想加入他的行列，希望能在他公司的交易大廳呼風喚雨。不過這當中有個問題——伊萊亞的公司沒有什麼交易大廳，連間辦公室都沒有。

夢想成真公司並未向英國工商註冊局（Companies House）申請登記，充其量只是個門面網站，外加數個社群帳號。此外，伊萊亞拍攝影片時入鏡的那棟豪宅，雖然他對外宣稱是登記在自己名下，實際去確認戶籍資料的話，會發現伊萊亞其實住在他們家位於倫敦東南地區的公共住宅。他的人生經歷全是憑空捏造。

伊萊亞的謊言之所以被戳破，是因為他被控危險駕駛和持有武器，不得不到南安普頓皇家刑事法院（Southampton Crown Court）報到，沒想到出庭時竟碰上意外發展。這名自稱交易員的男子當時提出異議，表示自己並未高速開車衝向欠他錢的朋友，結果依然被判有罪。開庭期間，法官還如此評論說：「你將自己塑造成一名在金融市場呼風喚雨的交易員，事實顯然並非如此。」連為伊萊亞辯護的律師都在法庭公開表示，他的客戶「多次宣稱自己相當有錢，我卻從未看出任何跡象，足以證實這點……若他真的擁有如此龐大財富，顯然大可直接開張支票給受害者了事。」[94] 說來諷刺，本應替伊萊亞辯護的律師，竟抖出自家客戶是騙子的真相。

我訪問伊萊亞時，他把自己定位為「網紅」，甚至一度動念想利用自身的網路名氣，開間經紀公司，看有誰願意出高價收購。但他真正的生財之道，不是靠這些明面上的操作，而是檯面下偷偷摸摸替惡棍交易平台賣出高風險金融商品。有些商品已遭人爆料是設計成完全不利於買方，包括波

94 https://www.dailyecho.co.uk/news/15554405.self-proclaimed-millionaire-elijah-oyefeso-mowed-down-man-he-owed-money-in-southampton-street/

動率高的「價差契約」（contract for difference）以及現已禁止的二元期權（binary option），一般都認為這些是註定賠錢的對賭金融商品。伊萊亞效力的多間公司五花八門，上至合法但行事作風嗜血，下至明擺著就是來騙財，無所不有。這位身材矮壯的大學中輟生會上傳要價不菲的金融商品，聲稱自己從中賺了不少，誘騙對金融市場所知有限的青少年和年輕人掏錢買單。他們為何會上當呢？某位受騙的青少年坦白告訴我，他和朋友看到一位年輕黑人居然能在老白男支配下的金融世界闖出一片天，無不深受吸引。只要有人上鉤，經由社群私訊伊萊亞，他或某個幫他做事卻拿不到半毛錢的小嘍囉就會回傳訊息：「我這裡有個大好機會，只要進行交易，每週便能進帳一百到四百多英鎊（約台幣三千八百到一萬五千元），無經驗可，在家工作可，每天只需十五到三十分鐘。」

但伊萊亞沒有表明的是，這些年輕受害者只要註冊交易平台（保證金最低也要兩百五十英鎊〔約台幣九千五百元〕），平台就會給他每個人頭四十到八十英鎊不等（約台幣一千五百到三千元）的佣金，因此真正讓伊萊亞賺大錢的不是與掠奪式金融商品對賭，而是成功招募無知的年輕人。換句話說，他即是所謂的聯盟行銷人，替業主推銷產品以賺取分潤。據伊萊亞所說，他靠這種方式招募的投資人高達上千人。要統計 IG 上究竟有多少聯盟行銷人冒充事業有成的交易員，簡直難如登天，不過倒是可以利用他們在行銷貼文中標註的主題標籤來約略計算，比方說 #BinaryOptions（#二元期權，共五百九十萬則）、#TraderLifestyle（#交易員生活方式，共一百四十萬則）、

#RichKidsOfInstagram（#IG之富孩，共一百五十萬則）。[95]這些貼文每分每秒不斷增加，專門用來發布這類行銷貼文的IG帳號則來來去去。

對背負財務壓力的人來說，當一般就業市場處處充滿挑戰，聯盟行銷往往是所需條件最少的生財之道，因為既不用面試，也無需證照，報酬全來自佣金。在多數情況下，只要有電郵地址和銀行帳戶，即可行騙天下。不過行銷人沒有固定薪資，容易遭到快時尚、博弈等剝削產業盯上，被當作廉價勞工，成為它們日益壯大的推銷生力軍。而在賞錢給伊萊亞的眾多公司當中，行徑最駭人聽聞的便是Banc de Binary。如同多數新興金融平台，這家二元期權經紀商也創立於二〇〇八年金融海嘯後，並選擇將總部設在以色列，因為以色列公司享有銷往歐洲市場的地利優勢，卻不必受制於歐洲監管機構，所以相對來說，更有可能為非作歹。

Banc de Binary是由前以色列傘兵歐倫・沙巴特・洛朗（Oren Shabat Laurent）所執掌，全盛時期年收益高達一億美元（約台幣三十億元），更贊助英格蘭的利物浦（Liverpool）和南安普頓（Southampton）兩家足球俱樂部，以建立形象。然而Banc de Binary深陷醜聞後，不只立刻被兩隊撇

95　二〇二一年三月十三日。

清關係，還得跟客戶打一連串涉及上百萬美元金額的官司，更由於涉嫌在英美設立空殼辦公室，規避財務法規，遭美國證券交易委員會（US Securities and Exchange Commission, SEC）起訴，最終因重大違反監管規定被判罰一千一百萬美元（約台幣三．三億元）。二〇一三年，公司正式被美國驅逐出境，不久後，以色列授予的營業許可執照也失效，自然無法再打入歐洲市場。二〇一七年一月，Banc de Binary 更被爆料平台採用不利於使用者的軟體，於是停止一切交易。不過以上種種醜聞對伊萊亞來說都無關緊要，畢竟只要口袋能變深，什麼都無所謂。但仔細想想，他可不只因為能替該公司進行聯盟行銷而樂得很，甚至公然違法，鼓勵未滿十八歲年輕人註冊交易平台、參與賭博。

伊萊亞宣稱自己成功拉攏了上千人參與交易，放在過去，若不是能言善道、魅力十足、富有自信的高手，恐怕根本辦不到。然而這位年僅二十一歲的年輕人非但腦筋動得不快，也沒半點魅力可言，更對財務金融相關概念一知半解，即使要他說明所知有限的部分，聽起來也毫無邏輯條理。伊萊亞講起話來，音調偏高、含糊不清，還有點結巴，即便如此，只要有智慧型手機在手，加上數個社群媒體應用程式，就連他這種人也能以假亂真，披上足以令人信服的偽裝。現今利用類似欺瞞手法的年輕網紅不在少數，伊萊亞只不過是數十萬人中的一人。

目前，英國金融行為監理總署（Financial Conduct Authority，以下簡稱 FCA）收到的消費者投訴從各地蜂擁而來，多到 FCA 難以即時採取對策，加以解決。多數受害者都是耳根子軟的年輕人，紛紛上了像伊萊亞這種網紅的當，白白損失一筆錢。據 FCA 統計，未滿二十五歲的年輕人特別容易受騙：比起一般管道，如果有人透過社群媒體提供投資機會，他們相信投資真有其事的比例是前者的六倍之多。[96]這些人寧可相信螢幕另一端的陌生人，卻從沒停下來細想，社群媒體呈現出來的一切，全是人為加工所建構而成的世界。二〇二〇年，英國國家詐騙與網路犯罪檢舉中心「反詐騙行動機構」（Action Fraud）表示，民眾投訴件數在三年內就翻了三倍。[97]

不少網紅為了賺外快，接二連三加入上述金融交易產品的推銷行列，就我所知，事業做得最有聲有色的其中一位，是現年二十多歲的山繆．李區（Samuel Leach）。然而，儘管他自稱是從藍領階級鹹魚翻身，IG 動態看起來也完美無瑕，我依然訪問到一票人，個個表示遇到李區而栽了跟頭，簡直悔不當初。大衛（David）首次與李區搭上線是在二〇一四年，當時他才剛結婚，老婆肚子已經大到藏不住，因此急著找工作。「我以前是開建築公司的，」三十六歲的大衛跟我通話時，語氣中掩

---

96 https://www.fca.org.uk/news/press-releases/fca-warns-increased-risk-online-investment-fraud-investors-scamsmart#:~:text=While%20historically%20over%2055s%20have,with%20over%2055s%20(2%25).

97 https://www.actionfraud.police.uk/news/fca-warns-public-of-investment-scams-as-over-197-million-reported-losses-in-2018; https://www.actionfraud.police.uk/news/action-fraud-warns-of-rise-in-investment-fraud-reports-as-nation-enters-second-lockdown

不住驕傲，「但脊椎受傷後，一直好不了，既然沒法幹勞力活，就只能找其他快速賺錢的管道了。」他開始上求職網，徹底翻遍所有可能的職缺，最後才偶然發現煞有其事的「山繆交易公司」（Samuel & Co. Trading）正在應徵初階交易員。根據簡介，這間公司是「總部位於倫敦的基金公司，客戶橫跨全球」。就各方條件來看，大衛其實看起來都不太像會去應徵企業入門級工作的人：他髮線開始後退，三十五歲左右，還曾經是專業建築工人。即便如此，年收入兩萬五千到十一萬英鎊（約台幣九十五萬到四百二十萬元）的驚人薪水級距，吸引了他的目光。「我有個姊妹在倫敦工作，」他表示，「她說只要發現自己適合交易這一行的話，最後如魚得水的可能性非常高。」於是，他立刻送出履歷應徵。「我想說反正都走投無路了，乾脆死馬當活馬醫，就試試看吧，不採取行動，什麼機會都沒得談。」

不過，大衛並非唯一受這項職缺誘惑的人——路克（Luke）應徵同一份工作時，年僅二十一歲。「我那時剛被前一家公司當成冗員裁掉，幸好遣散費還算優渥。加上我一直很嚮往金融市場啊交易啊的圈子，誰年輕的時候不是對那個世界充滿憧憬呢？我敢說大家都看過《華爾街之狼》，裡面演的不就是人人稱羨的生活嗎？」金錢的誘人魅力顯然早已擄獲二十九歲麥可（Michael）的心。被裁員的他才剛開始涉足金融市場，正在找相關工作，好巧不巧，也看到了山繆交易公司的同一份職缺，便投了履歷。

但這些人不曉得的是，山繆公司根本沒打算要雇用什麼交易員——三人實際上應徵的是代價高昂的兄弟會，不斷在舉辦各種奢華派對，卻只是為了吸引社群受眾所精心安排的假象。想當然，山繆．李區這位有如《大亨小傳》裡暴發戶傑伊．蓋茲比（Jay Gatsby）的數位化身，一切全在他的掌握之中。

二〇一八年，我為了撰寫報導，訪問了自稱是網紅的山繆，不過那篇文章最終從未見報。當時，山繆李區有限公司在各大社群累積的追蹤數已超過六十萬：YT 頻道訂閱數達十三萬兩千，IG 上則超過四十七萬。放眼望去，他的社群帳號上不是跑車，就是租下豪宅的度假照片，以及《華爾街之狼》梗圖、金融概念講解影片。山繆時不時便登上「IG 之富孩」（@richkids_of_instgram）的專頁，上面看起來人人光鮮亮麗，過著眾人夢寐以求的生活。但事實上，這個當時有八十萬人追蹤的專頁，看準大家都想增加追蹤數，每次只要幫忙上傳主打各家品牌或宣傳個人的貼文，就索費六十英鎊（約台幣兩千三百元），藉此賺取收益，也從未向那些年紀輕輕的忠實粉絲表明，登上版面的網紅全是在自我行銷。山繆還雇了一位愛跟風的公關，協助打理社群，更定期為《週日快報》（Sunday Express）撰稿，該報稱他為「比特幣百萬富翁」。我和山繆會面前，他的「行政助理」凱西（Kathy）非常熱心告訴我他本人究竟有多忙。「若您想趁他人尚未預約前，先敲定這段空檔，請盡速告知，」她說。我於是照做了。

這家基金公司在簡介中表示總部位於倫敦，實際上卻是在沃福（Watford），也就是年輕創辦人的居住區域。我抵達公司承租的共享辦公室後，見到山繆本人，他顯然心情愉快，暢談著自二〇一二年創業起達成的種種成就：「我們的團隊大幅成長，從原本只有一位交易員，增加到快六十七位，所以在英國和歐洲各處都找得到我們的人馬，目前交易員還持續在增加中。」

山繆身高五呎九（約一百七十五公分），身材健壯結實，這要歸功於他勤上健身房，而他也把健身過程拍下來，連同他稱之為交易員「心路歷程」的各種照片上傳 IG，因此在年輕金融狂熱分子的數位圈裡小有名氣。山繆更新 YT 影片的頻率相當高，頻道目前累積的觀看次數超過兩千一百萬。他曾上傳自己和一位美國腦粉的視訊內容，對方高大魁梧，卻居然因為能跟赫赫有名的交易員講上話，感動得痛哭流涕。「我在路上會碰到粉絲之類的人來搭話，想跟我拍照，還有位粉絲寄了帽 T 過來，請我簽完名再寄回去給他，感覺挺不賴的，類似的事還真不少，」山繆向我低調炫耀，接著才談到他一路走來的經歷。「我考上大學後，拿學生貸款做了點投資，等到小賺一筆，時機成熟，就開了山繆交易公司。」這個故事我早就知道了，也是山繆自我推銷時的一大賣點。「我這一路走來可說是跌跌撞撞，」他表示，因為他在赫特福德大學（University of Hertfordshire）專攻行銷與廣告的期間，曾獲得在知名霍爾私人銀行（C. Hoare & Co.）實習的機會，最終卻未能成為鐵飯碗。

在社群媒體上，山繆李區公司對外聲稱是避險基金，專為資金通常從百萬英鎊起跳的高淨值人士與機構投資人提供服務。二〇一七年，山繆首次開始塑造公司在金融界舉足輕重的形象，但根據英國工商註冊局的歷史紀錄，其上報的獲利卻只從前一年的一千兩百八十五英鎊（約台幣四萬九千元），提高到三萬三千九百七十八英鎊（約台幣一百三十萬元）。[98]他最後決定將公司標榜為「自營基金」，更聲稱為了培養自家那些初階交易員，已在每人身上投注兩千到五萬英鎊（約台幣七萬六千到一百九十萬元）不等的資金。

現在回頭來看看大衛：經過感覺相當紮實的電話面試後，他得知自己名列山繆公司的交易員候選人清單，緊張兮兮。「老實說，當時我緊張得快吐了，畢竟之前一直都是自雇者，所以這還是我有生以來第一次去工作面試。」他收到二次面試的通知，回信表示會參加，並再三對公司表達感激之意。

等到大衛抵達面試會場，公司旗下的成員鼓勵他多多推銷自己，更帶著他與其他十幾位有望得到這份工作的人，到聖奧班斯（St Albans）一家品質堪憂的飯店進行培訓。他回憶說，光看那些人，便知道山繆公司傾向招募某些特定人士。「沒錯，我就坐在那，絕不是要表現得很自負，但內心依然不由得想說，眼前這些傢伙怎麼會有資格來面試啊？裡面有不少建築工人，還有幾個看起來簡直

---

98 英國工商註冊局。

是剛從學校畢業的毛頭小子，根本沒有出社會的經驗。不過對我來說，這次面試稱得上是一件很光榮的事，可能正是這樣，才那麼多人買帳吧。」

路克和麥可跟我談到面試的過程與結果時，內容如出一轍。兩人都有資格參與培訓的入門課程，要價一千兩百英鎊（約台幣四萬六千元），負責指導他們的人是公司的資深交易員——說是資深，其實年紀都只有二十多歲。路克說：「他們基本上都是推銷員，根本誰都沒有實際在進行交易。雖然課程標榜兩星期，但實際進辦公室操作的時間只有兩三天。他們最後讓全員都合格了，怎麼不會呢？因為每個人都是待宰的肥羊啊。在他們看來，我們才不是員工，而是顧客。所以他們都想盡辦法唬爛，讓人以為自己將成為有頭有臉的人，期間還不斷拍胸脯保證，完成培訓就能得到工作，可以去公司上班，而且不只工作是全職，拿的薪水也是全職，差不多就是這類話術，實際情況卻根本不是這麼回事。」

事實上，山繆在二〇一八年訪談時向我坦承，公司當時只有一名全職員工——他本人。儘管大衛、路克、麥可都看出這份應徵工作不過是個幌子，公司其實是要他們交錢上課，三人最終依然心甘情願繳了學費。「我當時有點豁出去了，任何抓得住的救命稻草都來者不拒。老實說，那時我根本窮到沒半毛錢，為了付課程費用，就花光我所剩不多的積蓄了，」大衛說。三人都表示課程其實提供了不少有用資訊，伴隨一些不尋常卻令人印象深刻的環節。「你會跟亞德里安・李區（Adrian

Leach）一起做點思維訓練，他正好就是山繆的老爸！他會在你身上稍微使用催眠療法，那堂課真的怪得可以，」路克說，不過大衛覺得那堂課「棒極了」，兩人皆表示，自己整體來說都很樂在其中。上完課後，公司會替這些應徵者開立示範用帳戶，讓他們用於交易，並保證只要有誰能賺大錢，就給予一大筆投資資金。

「山繆聲稱這筆投資資金不小，其實就是他自掏腰包啦，得到資金的人最終可以和他五五分帳，」大衛向我解釋，「結果，我那星期的表現爛到爆，根本沒達到所謂賺大錢的標準，但符合標準的那些人，獲得的投資資金只有兩百英鎊（約台幣七千六百元）！」與山繆向我提到的最低投資額兩千英鎊（約台幣七萬六千元）相比，這個金額只不過是九牛一毛。大衛繼續表示：「我們有個法則叫什麼『百分之一的交易風險』，所以就算每天小額當沖都有獲利，一星期是有可能賺個十到二十英鎊（約台幣三百八十到七百六十元），但根本無法以此維生。就我所知，有些現在還待在那家公司的人，賺的錢根本連通勤費都負擔不起。」這三位應徵者都表示自己沒有從山繆那邊收到什麼投資資金，但即便最終沒有得到工作或資金，他們與山繆的關係也並未止步於此——他們依然透過與山繆有商業往來的掮客，自掏腰包、花掉存款，在山繆的指導下進行交易。

麥可說自己從十六歲起做水管工做了一段時間，存了一筆為數不小的錢，現在為了向山繆租借辦公桌，已經動用到這筆存款，每個月要花六百英鎊（約新台幣兩萬三千元）。不可思議的是，他在山繆公司研修的期間，早已因為爛交易賠了數千英鎊，還為此傷透腦筋，卻沒記起教訓，反而從公司的大家庭氛圍中獲得慰藉，沒能趁機一刀兩斷。而創辦人山繆不只駕著價值百萬英鎊的遊艇到土耳其沿岸，自拍影片，加上「百萬身價交易員的生活之道」（Millionaire Trader Lifestyle）的標題，再上傳到社群，也熱愛在自家為幾乎全是千禧世代的新員工開趴烤肉。「你看到的就是我們口中的山繆公司大家族，」他在上傳至YT的影片裡如此說道。另一支影片則顯示山繆似乎帶了整個「大家族」造訪市值一千萬美元（約台幣三億元）的豪宅，大家暢飲香檳，對彼此惡作劇，過得奢華無比。

然而，如此度假放縱的光景再怎麼看起來像員工旅遊的福利，都只是光鮮亮麗的假象，真相令人不勝唏噓。「大家一起享樂是很棒啦，但一切都要自掏腰包，每個人去那裡都要自費，不是公司出錢，」麥可說，「交易完，跑去花天酒地，真的時不時就過得很暢快，爽到不行。」不論是度假還是派對的種種貼文，都將山繆塑造為《大亨小傳》主角傑伊．蓋茲比的現代化身，但史考特．費茲傑羅（F. Scott Fitzgerald）筆下的主人翁開派對是為了要擄獲某位女士的芳心，山繆開趴的對象則是一群野心勃勃的年輕男子，個個拚了命想成為他成功事業的一員。麥可聲稱自己光是為了加入山繆的大家族，就損失了一萬兩千英鎊（約台幣四十六萬元）。

「我待在公司超過一年，卻沒拿到半毛薪水。等到我開始獲利，馬上被派去協助有需求的學生。

大家開始直接私訊我，我再把這些人轉介給山繆本人去處理，他就直接在IG施展行銷大法。」與年輕男性套近乎，並要求對方效忠自己，山繆對此向來很有一套。「他雇來辦公的那些年輕小子，都負責替他開辦培訓課程。簡單來說，山繆實際上並沒有參與過程，想想其實還挺厲害的，因為他根本不用動手，躺著就能賺。」隨著時間過去，麥可又賠了一萬六千英鎊（約台幣六十一萬元），這次是因為山繆引進了全新的自動交易演算法「融合」（Fusion），甚至直接在公司的官方IG替它大打廣告。他推銷這套自動化軟體時，火力十足，聲稱獲利率達八成，要價卻只要三千英鎊（約台幣十一萬元），還附帶金融（貸款）選擇權。「要說那是他的軟體也沒錯啦，但這套軟體可是跟找他賣演算法再付佣金的掮客大有關係，」麥可如此表示。他說自己還待在山繆公司的時候，這個掮客就是AxiTrader——這間澳洲公司主打極具爭議的價差契約產品，也就是實際未持有商品，卻賭其價格究竟是漲是跌。由於這種產品容易淪為詐騙工具，向來都受到英國金融行為監理總署嚴密監控。

「山繆工司的員工都是拿積蓄在進行交易，」大衛如此深信，「為了參與這場賭博遊戲，你得先下盲注，他們稱之為你的下注區間，山繆就是利用那些小子下注的金額來賺錢，原因很簡單，因為他們用的是山繆的交易平台啊。山繆跟那些『掮客』公司達成協議，表示會使用他們的交易平台，以換取權利金，還會向別人推銷這些平台，藉此賺一把，繼續錢滾錢。」山繆公司前員工也指控，只要交易是透過山繆的平台，他每人都會收兩百英鎊（約台幣七千六百元）的一次性費用，其後每個月繼續收兩百英鎊的使用費。換句話說，這些人不是受雇者，而是被精心包裝美夢誘上鉤的受騙訂閱者——這種養套殺模式一而再再而三出現於像山繆這樣執行長網紅所用的詐騙手法中。

「我根本沒從那些交易賺到半毛錢，」大衛說，「我有朋友只是看不過去，想幫我一把，讓我站穩腳步，展開事業，才給了我資金。結果，我害他損失了一千五百英鎊（約台幣五萬七千元）。我呢，七百英鎊（約台幣兩萬七千元）就這樣全飛了，加上存款也快見底，才想說這行看起來不太適合我，只能摸摸鼻子認了：『唉，算了啦，像個大人咬牙忍氣吞聲，去找份正當工作吧。』」最後，大衛、路克、麥可都不再交易，選擇退出這一行，反倒是山繆轉戰社群媒體，繼續在源源不絕的金融狂熱分子中，尋覓更多新的冤大頭。

加密貨幣狂熱

飽受非議的價差契約產品是山繆的衣食父母，其網路人氣最終卻依然輸給後起之秀——比特幣（Bitcoin）。這款去中心化加密貨幣的誕生，可追溯至二〇〇八年的金融海嘯。這場次貸危機對銀行業造成的餘波盪漾，促使一位不知名電腦工程師發明了比特幣。二〇一〇年三月，比特幣首次進行公開交易，幣值僅〇・〇〇三美元（約台幣〇・〇九元）；十一年後，一比特幣可賣到高達六萬一千兩百八十三・八美元（約台幣一百八十萬元）的天價。當年只投資十美元（約台幣三百元）買比特幣的人，現在就能兌換現金兩億四百二十七萬九千三百三十三美元（約台幣六十一億元）；投資兩百美元的話，現在早已是身價數十億美元的富豪了。

今時今日，投資網紅早已盯上比特幣，不只大肆宣傳，還說得天花亂墜，全為了讓菜鳥投機客加入炒作行列。這種貨幣是所謂的高波動率商品，可漲到前所未有的高點，也可跌到一文不值的低點。歷史也無疑證明了這點：比特幣在二〇一一年來到一美元（約台幣三十元），接著崩跌；在二〇一三年來到兩百六十六美元（約台幣八千元），接著崩跌；在二〇一四年來到一千美元（約台幣三萬元）大關，接著再次崩跌。二〇二〇年，擁有大批狂粉的億萬富翁伊隆・馬斯克（Elon Musk）只不過是發了幾則推文，比特幣價值瞬間成長四倍。[99]比特幣每次大漲大跌，都會帶來新一批投機客和鐵粉，個個深受這款貨幣吸引，但世上多數人對它都不甚瞭解——連投資人本身也不例外。比特幣是透過區塊鏈（blockchain）技術才得以成真，不過區塊鏈是什麼，大家各有各的解讀。大體上，區塊鏈即是去中心化的多筆交易紀錄，分別儲存於不同電腦，幾乎像可共用的雲端谷歌文

---

99 https://www.reuters.com/article/us-crypto-currency-tesla-tweets-idUSKBN2A82F0

件，只是少了無所不能的中央管理系統。只要有加密代碼或所謂的密鑰，誰都能存取紀錄，區塊鏈軟體也會根據舊代碼，生成新密鑰，並加以記錄。

如果以上這段文字讓你看得暈頭轉向，那是因為區塊鏈本來就令人一頭霧水，其實更白話的說，只要知道這款貨幣可匿名交易，難以追蹤就行了。比特幣的消費者正是因為其價值源於匿名性，才抱持無比信心，儘管這種加密貨幣要應用在日常生活中可說是不切實際，本身也未受政府保障，波動性高到難以當作儲蓄工具，更不具備像黃金等公認的內在價值（intrinsic value）。不過加密技客、賭徒、害怕錯失機會的一般工作者，各路人馬全搭上這波風潮，產生從眾效應，掀起這個時代規模最龐大的淘金熱。二〇一七到二〇二〇年間，比特幣崛起的新聞報導隨處可見，不只出現在八卦報頭版，連去自助洗衣店都能聽到有人在閒聊，但真正讓比特幣大放異彩的地方，絕大多數都是社群媒體。一夕之間，新興平台不斷竄出，無不聲稱可提供將英鎊、美元等法定貨幣兌換成比特幣的服務，大力推銷這款加密貨幣。許多網紅替這些平台網站打廣告，推薦給追蹤者，卻未表明他們真正的目的——想當然耳就是要從受騙肥羊的平台註冊費中抽取佣金。

按慣例，最早開始採用這套模式的網紅才是真正的贏家，即便大餅早已被分食得所剩無幾，慢了一步的人依然不請自來，照樣想嘗點甜頭。據報顯示，一般投資人甚至拿房屋再抵押，向銀行貸款，就為了從比特幣淘金熱中分一杯羹，也更進一步助長了泡沫。二〇一七年，我有朋友也加入淘金行列，從畢生積蓄中拿出為數可觀的一筆錢，開始投資加密貨幣，希望能迅速賺一把。他進場的時機絕妙透頂，因為當時比特幣再過一兩週便會來到高點。結果，這股新手運勢不可擋，讓他甚至一度動念想打包辭職，轉行做基金經理人。殊不知，比特幣自此每下愈況，一路下跌，到了二〇一八年，幣值損失高達八成。若要深究比特幣大幅上漲的原因，不外乎是眾人害怕錯失機會的心態以及不正當的大肆炒作。然而到了二〇二一年，彷彿無人記起教訓，歷史再次重新上演：比特幣再度創下新高，超過二〇一七年高點的三倍。可惜的是，我朋友早已兌現退場了。

據估計，直至二〇一七年那一波大漲大跌，比特幣高達四成，都為僅僅一千人所持有。[100]在人海茫茫的投資人當中，這些巨鯨的存在意味著只要有誰放出消息，說要出售手上持有的一小部分加密貨幣，光靠一人就足以讓價格崩跌，同理可證，誰宣稱打算要購買貨幣的言論也可能導致價格暴漲。縱觀歷史，刻意散布好消息，增加股票需求，向來都是為了要哄抬股價，才能在最高點賣掉。這種違法手段便是眾所周知的「哄抬股價，逢高賣出」（pump and dump），遭到明令禁止，因為市場運作仰賴投資人的信心。然而不消多久，明眼人也能看得出來，比特幣暴漲的結果，似乎正是利

100 https://www.bloomberg.com/news/articles/2017-12-08/the-bitcoin-whales-1-000-people-who-own-40-percent-of-the-market

用這種手法操控市場的產物。

PayPal前執行長威廉·哈里斯（William Harris）曾為沃克斯傳媒（Vox Media）旗下的新聞網站Vox撰文，在以《比特幣是史上最大騙局》為題的文章中表示，比特幣「即是一場哄抬價格再逢高賣出的騙局，規模之龐大前無古人後無來者」。[101]金融教授約翰·格里芬（John Griffin）與阿敏·沙姆斯（Amin Shams）分別來自德州大學（University of Texas）與俄亥俄州立大學（Ohio State University），針對比特幣共同發表了一篇學術論文，內容指出該貨幣之所以狂升至兩萬美元（約台幣六十萬元），皆肇因於單一一位投資人對市場的操弄。由於有心人士一而三再而三將見不得人的商業利益包裝成比特幣，就連美國證券交易委員會也對比特幣詐騙案層出不窮的現象感到憂心忡忡。[102]世上所有的錢都是人為產物，但起碼政府印製的貨幣具有一定的公信力與功用。即便如此，對一般人毫無功用的比特幣，竟然在二〇二一年升值到比美元還多六萬七千倍，實在令人咋舌。

比特幣市場還一片榮景時，投資人的胃口早已被養大，紛紛尋覓下一個值得投資的加密貨幣，間接促使投機分子發行誇大不實的新貨幣，再次為市場帶來新一波的熱潮。比特幣背後那一套技術是真材實料的創新科技，但網紅如今在線上宣傳的加密貨幣，多數都只是利用哄抬價格再逢高賣出手法的山寨版。二〇一八年，美國商品期貨交易委員會（Commodity Futures Trading Commission, CFTC）語帶擔憂地警告：「詐騙分子現在多以鮮為人知的虛擬貨幣與數位貨幣或代幣作為行騙工具，但由於手機通訊軟體抑或是網路討論區的興起，這些哄抬價格再逢高賣出的人不再需要有如電影《華爾街之狼》的實體詐騙中心，只需利用社群媒體，即可匿名將一切安排妥當，也能同時大肆宣傳虛擬貨幣與代幣。這些使用哄抬再賣出招數的詐騙集團及旗下聊天室，有些成員多達數千人，不只訂閱詐騙集團的社群帳號，更密切注意聊天室對話，以免錯過下次何時會哄抬再賣出。」[103]

網紅與新創公司文化看似毫無共通點，發行貨幣卻讓兩者產生了交集，骨子裡簡直可說是一模一樣。以新創公司的文化來說，商品本身無需具有內在價值或所謂的真實性，只要能說服夠多人相信，便足以帶動風潮，價值自會應運而生——套用到加密貨幣上，毫無違和之處。加密貨幣儼然成了行銷人夢寐以求的宣傳手法，而像山繆．李區這種作手，輕而易舉便能在各大社群釣到一大批心甘情願奉上大把鈔票的受害者。山繆最初是因為比特幣在二〇一七年價格上揚，才購買數台高功率螞蟻礦機D3電腦，開始挖礦。「每台都花了……讓我想想……差不多兩千英鎊（約台幣七萬六千元）吧，加起來總共有八還是十台D3礦機，全設置在辦公室同一邊，噪音大得簡直跟獵鷹戰機（Harrier）

101 https://www.vox.com/2018/4/24/17275202/bitcoin-scam-cryptocurrency-mining-pump-dump-fraud-ico-value
102 https://www.sec.gov/investor/alerts/ia_virtualcurrencies.pdf
103 https://www.cftc.gov/system/files/2019/04/24/2018afr.pdf

沒兩樣，」他大笑說，「超讓人抓狂，而且就算開冷氣，它們散發出來的熱氣，還是把辦公室搞得像三溫暖。其實根本不值得這樣大費周章。以小規模來看，確實是有利可圖啦，不過顯然運氣要夠好，每台機器平均每天才可能賺到五英鎊（約台幣一百九十元）。」

由於舊加密貨幣波動性高，網紅為了搭上這波貨幣熱潮，趁機撈一把，找到了更簡單的生財之道：創造新貨幣。山繆也認為這種方法大有錢途。「市場上已經有一些聽起來很蠢的貨幣了，比方說，有種貨幣等到登陸月球才能用，價值居然有兩千萬美元（約台幣六億元），就算靠這種貨幣籌到一定的金額，也不夠讓那些人上月球。知道有各種稀奇古怪的貨幣後，我們想說也許這還真的大有賺頭。」

於是在二〇一八年間新發行的上百種加密貨幣裡，「產幣」（Yield Coin）也名列其中。新興加密貨幣絕大多數都一文不值，發行目的主要是想利用未受監管的虛擬代幣來錢滾錢，因此每種貨幣皆精心設計成帶有一定特色，以吸引買家。加密貨幣是由無數行程式碼構成，程式碼本身不具任何價值，真正的價值反而是之後能掀起多大的話題——要問誰最懂得炒作，沒幾個人比得過山繆。他用通訊軟體 Telegram 建立開放群組，成員超過一千五百人，這些人最後全和他發行的貨幣扯上關係，毫無例外。「靠這種東西居然能吸引到那麼多人，甚至是一整個社群，想想還真瘋狂。我們只不過是問說你們要啥，他們就回說給我能交易的商品！這可是加密貨幣，不是到處都買得到的晾衣繩，但你們真的那麼想要的話……」

針對新興加密貨幣，投資人所能獲得的保障每況愈下，因此英國金融行為監理總署開始擔憂有心人士會加以利用，拿來詐騙一般民眾。新興加密貨幣販售得先準備好稱為白皮書的數位手冊，內容即是貨幣的相關宗旨，卻可能比例不均，只針對某部分大書特書，其他部分則一筆帶過，或是容易引人誤會。山繆在白皮書裡保證他「旗下散布全球各地的成員，總計一千八百名交易員，皆已準備開始使用」[104]產幣，山繆公司也將以產幣獎勵表現傑出的員工。但山繆沒提及的是，他本人就是整家公司唯一一位全職員工，旗下那一大批交易員都是正在上公司培訓課程的菜鳥。更教我震驚的是，就連只用短短幾句寫電郵給我的公司「行政助理」，原來根本是山繆的母親。

我在撰寫本書期間，根據彙整加密貨幣相關數據的網站幣虎（CoinGecko），看到山繆的產幣價值已經從二〇一八年的最高點，跌了九十七%，只剩下〇．〇〇一美元（約台幣〇．〇三元）。即便如此，他的公司依然靠著向交易新手販售培訓課程，生意興隆，並透過把掮客平台介紹給這些人，從註冊費中分一杯羹，更藉由YT廣告收益，再賺一波。二〇一九年，公司表示現金準備金超過兩

---

104 https://neironix.io/documents/whitepaper/3914/Yield-Coin-Whitepaper-V4.compressed.pdf

百萬英鎊（約台幣七千六百萬元）[105]，極有可能是山繆炒作產幣帶來的結果。山繆還宣稱自己正致力與更多家公司簽約，為產幣背書，但實際上，整個貨幣擴張計畫背後唯一的支持者，就是他旗下那間公司，而自創立以來，公司最穩定的收入來源是使詐招募應徵者，騙他們只要繳培訓費，便能踏上通往全職工作的康莊大道。

在網路一隅，山繆可說是無人不知無人不曉，他虛張聲勢的事蹟也有如貨幣般廣為流傳。置身這些數位社群的眾多男人，不分老少都不顧一切想奪回自己人生的主導權，紛紛透過通訊軟體，徹夜高談闊論，研究到底哪些商品有助於他們重拾屬於自己的人生。當人認為自己的價值與財富多寡密不可分，逛遍貨幣市場，似乎便成了有利可圖的消遣娛樂，然而，新一代數位野雞交易所和詐騙中心如今猖獗盛行的地方，好巧不巧，正是網路。利用自封大師等手段加工捏造出來的人生，成為圈內小有名氣的網紅，而他們的手法無一例外，就是裝到弄假成真。儘管早已付出代價的人不在少數，山繆．李區卻逃過法網，如今更坐擁價值數百萬英鎊的事業——他可不是唯一的人。

你的人脈網絡＝我的資本淨值

二〇二〇年初，新冠疫情尚未真正爆發前，我一位學生時代友人的妹妹上IG發文，想為追蹤者提供一個賺更多錢的機會。她打算某一晚在東倫敦的某間大學，替那些受挫於工作的人辦場講座，主題是「教會你銀行背後的祕辛」。我決定報名參加。當晚抵達現場後，看到整屋子的聽眾顯然橫跨各個種族與世代，不過已到場的三十人當中，多數都是年輕人，年齡落在十八到二十四歲之間。因此不難想見即將邁入退休年齡的灰髮女士，隔壁坐的就是一身休閒街頭風的年輕男子。我自己則在三名不知在傻笑什麼的青少年旁邊坐了下來。

在演講廳前方，一位二十多歲的棕髮女生用老派的倫敦東區口音，保證說我們接下來將獲得「顛覆人生的技能」。布萊歐妮（Briony）對著全場觀眾述說，她幾年前從大學畢業後，難以找到穩定工作，等回神過來，才發現自己正向下沉淪，深陷負債與憂鬱症的泥沼之中。不過當她加入阿梅金融學院（Amey Finance Academy），也就是負責主辦今晚講座的公司，生活立刻一百八十度大轉。整場演講充滿了福音教派佈道大會的氛圍：會眾紛紛起身宣稱耶穌基督是如何讓他們走上正道，緊接著是奉獻的環節。我沒花多久的時間，就搞清楚布萊歐妮的救世主到底是何方神聖了。

戴斯．阿梅（Des Amey）顯而易見正是同名公司的創辦人，也是當晚最後一位上台的講者。他

105 英國工商註冊局。

昂首闊步踏上講台，頭戴扁帽，身穿勃艮第酒紅色高領毛衣，搭配海軍藍雙排釦西裝外套。「從現在起，一切都會改變！」他高喊道。戴斯宣稱將提供在場各位的機會，就是加入他的公司，成為金融交易員。他拍胸脯保證，阿梅金融學院會教大家如何買賣美元或日圓等外幣謀生，還不是勉強餬口，而是能賺大錢。誰都能習得這套方法，有機會賺取足以顛覆人生的大筆收入，戴斯還補充說自己不只「月收六位數」，同時也在協助藍領階級創造「屬於他們這個世代的財富」。他更吹噓早已在金絲雀碼頭（Canary Wharf）買下公司專屬的交易大廳，旗下交易員高達二十名——但與山寨公司雷同的是，戴斯的公司並未支薪給這些交易員。

簡單來說，阿梅金融學院根本沒有員工，一般人還得付錢才能加入這間公司。事實上，儘管阿梅金融學院登記在英國，卻只是某家美國公司為了在歐洲各地大舉招募而成立的眾多門面公司之一。國際市場永存不朽（International Markets Live，以下簡稱 IML）是間規模龐大的多層次傳銷公司，透過在各國授予特許經營權，擴大事業，而多虧有戴斯這樣的推銷員，看準那些走投無路的畢業新鮮人、年輕媽媽，以及為低收入所苦的民眾，IML 才得以在英國站穩腳步、生根發芽。至於這些人為什麼會上這家公司的當，顯然社群媒體又再次淪為詐騙工具。

戴斯悉心經營 IG，時不時讓人一窺紙醉金迷的世界，煽動追蹤者內心的渴望。其中最有意思的是他的 IG 追蹤數，一時間可能會暴增到快兩萬，接著又少了四分之三，原因很簡單：他會利用機器人帳號衝高追蹤數，裝作自己大受歡迎，事實卻並非如此。而他推銷的產品是另一種價差契約，前面也提過這是一種金融商品，買家可以在實際未持有貨幣的情況下，賭它究竟未來是漲是跌。類似的賭博性商品不只波動性高，甚至根據英國金融行為監理總署（FCA）的調查顯示，這類商品的交易高達八十二%會虧損，敢下注的人平均每年損失超過兩千兩百英鎊（約台幣八萬四千元）。連政客都稱這些金融商品是「註定輸錢的賭博產品」。有關當局並非沒有採取行動，也確實嚴加打擊推銷管道，不過各種類似的商品早已撐起一整個野心勃勃的行銷產業，身處其中的阿梅金融學院與IML公司當然不遺餘力大肆宣傳，聲稱只要付一筆要價不菲的訂閱費，換取他們的服務，參與交易，便能在市場上呼風喚雨。金融新手光是與IML進行交易，每年要負擔的各種手續費便超過一千兩百英鎊（約台幣四萬六千元），但丟到水裡的錢可能還不止如此。

FCA也不只針對IML推銷的種種產品提出警告，更呼籲民眾要對這家公司本身提高戒心，甚至直接宣傳要「如何保護自己不淪為詐騙受害者」。二〇一八年，FCA發表聲明，警告英國消費者要提防IML：「該公司未受本署批准經營相關業務，目前已盯上一般英國民眾，作為下手對象。本署依據所知資訊，深信該公司正從事需相關機構批准且應受監管之活動。」[106]面對批評聲浪日益高漲，

106 https://www.fca.org.uk/news/warnings/international-markets-live-limited

IML的回應方式竟是將品牌更名為「IM大師學院」（IM Mastery Academy）。二〇一八年，IM大師學院擁有超過十一萬名會員，結果才不過短短兩年，公司最資深的行銷人便聲稱，橫跨全球的總會員人數已經成長到五十萬[107]，總收益正逼近十億美元（約台幣三百億元）大關。不過，各項數值之所以大幅增長，是因為公司與追蹤數達上百萬的知名網紅合作，並讓戴斯這樣的底層網紅加盟，多方推波助瀾下的結果。而戴斯自稱是事業成功的金融交易員，賺的錢卻絕大多數都來自招募新手，聽起來是不是似曾相識？布萊歐妮身為他的副手，將公司不為人知的這一面包裝成「領導力課程」，是「協助他人圓夢成功」的一種手段。她向全場在座的人表示：「你們可是能從中大賺一筆。」

布萊歐妮演講完的隔天，我來到加拿大廣場一號（One Canada Square）大樓內的一間私人餐廳，與戴斯本人同席而坐。我從訪談得知，他加入IM學院的過程其實再典型不過了。戴斯出生於一九八〇年，剛好讓他成為千禧世代的一員。他還在學步時，舉家從故鄉迦納搬到英國的工業城鎮達根罕（Dagenham），如今活脫脫就是個土生土長的倫敦東區佬。達根罕位處東倫敦與艾塞克斯（Essex）的交界處，一九八〇年代早期，當時全歐規模最大的福特汽車裝配廠便設置在此，以其為中心，慢慢建立起了清一色白人的勞工階級社區。在全盛時期，達根罕工廠雇用的人數高達四萬。戴斯回憶說，他們全家剛抵達時，可能是鎮裡僅有的三個黑人家庭之一。「我們適應得很不錯，整個社區也接納了我們，」他表示。隨後，在他七八歲時，父親離家，一去不回。「我們家確實沒什麼錢，但也說不上是貧窮。我們東省西省，勉強能餬口，也不會在節日特意慶祝，只要基本開銷過得去就行。」

戴斯表示自己就讀的羅伯特克萊克中學（Robert Clack）簡直是全英國數一數二爛的學校，幸好他認真苦讀，最終才設法拿到中等教育普通證書，成績也是相當不錯的A級，讓他夢想能上大學。「達根罕的環境實在是前途黯淡……多數人只想著長大就去福特工廠工作。」在這段期間，福特汽車裝配廠開始走下坡，等到二〇〇二年，全球化浪潮席捲而來，迫使工廠關門大吉，數千人隨之失業。當時由於來勢洶洶的去工業化現象以及政府坐視不管的態度，達根罕地區面臨存在危機，居民不知未來該何去何從。時任英國首相布萊爾堅決認為資訊經濟前景看好，於是戴斯以自認合理的推論，決定讀商與資訊科技（information technology, IT）。「別忘了那可是在一九九〇年代晚期、二〇〇〇年代早期，大家開口閉口都在聊IT，它照理說會成為下一個蓬勃發展的產業。」他最後上了東倫敦大學（University of East London），這所前理工大學為了替新千禧世代打造完善學習環境，當時正挹注大筆資金，在舊皇家碼頭（Royal Docks）蓋新校園，期盼能透過鄰近倫敦市與金絲雀碼頭的地利之便來招生。

---

107 此為根據該公司資深行銷人之一亞歷克斯．莫頓的IG帳號，其追蹤數達一百萬以上。

戴斯雖然在 IT 服務的繁榮時期取得了學位，畢業後卻找不到能賺大錢的工作。「就算拿到文憑，再怎麼求職都還是沒下文。結果我跑去那時候還叫 T-Mobile 的 EE 電信公司做兼職，一畢業就升格當店長，沒想到最後居然被當成冗員裁掉。」他原本還希望自己在門市打工的經驗，可以帶來轉機，讓他在公司謀得更高職位，順利展開職涯。「行動手機當時才正要流行起來，公司在哈特菲爾德（Hatfield）也剛開了到處閃閃發亮的全新辦公室，我內心當然會想說，自己未來也要這麼做：先在門市脫穎而出，再升職去公司內部工作，成為大公司的……」他沒把話說完，卻緊接著說：「我長大期間，總是想像自己總有一天會成為生意人，拿著公事包上班，雖然不知道是在做什麼工作，但想像中的我就是穿西裝打領帶，做上班族該做的事。」

他想起自己當初申請去公司內部上班，卻都無果，恐怕是因為該產業只憑既定印象來招募，而戴斯無疑顯得格格不入。「我就是沒有相關經驗，還剛被開除，結果應徵了好幾份工作，全都在面試階段前被刷掉。我這時候終於搞懂原因了——就單純不適合我而已。」

不過戴斯最終還是找到了適合的工作，沒想到竟是中產階級占多數的教職，當初他還只是看到廣告，就跑去應徵了。他踏入這一行時，正好碰上政府大力推動教學產業多元化，沒過多久，教授管理學便讓他一路平步青雲。不到五年，戴斯已經晉升為副主任。在這段期間，他結婚、成家、買房，收入也不錯。「我還記得，那時候曾轉頭對我太太說，我覺得我們達成夢想了。」以英國消費社會的角度來看，戴斯過的是不折不扣的中產階級生活，簡直光鮮亮麗，但在度假、新車、貸款的各種重壓下，他不久便發現自己一直被帳單追著跑。想當然耳，他需要更多錢才行。

戴斯創辦的學院位於金絲雀碼頭附近，離加拿大廣場一號或許步行僅七分鐘之遙，卻與這棟摩天大樓所代表的一切，以及戴斯夢寐以求的一切，分屬兩個截然不同的世界。每天就看到它矗立在你眼前，財富散發的那股吸引力便顯得更加誘人。而戴斯人生真正遭到顛覆的那一刻，是他讀了理財勵志書籍《富爸爸，窮爸爸》（Rich Dad Poor Dad）。我初次聽戴斯演講時，他不只使盡全力推銷公司，甚至推薦台下會眾去讀讀羅勃特・清崎（Robert Kiyosaki）的這本暢銷書。關於該書提到的各種來路不明策略，沒有誰總結得比《富比士》雜誌的金融記者海倫・歐倫（Helen Olen）更妙了：「書中提供的訣竅可說是上至荒謬、下至違法，百害而無一利，包括鼓吹內線交易；主張即便手邊現金不多或身無分文，也應購置多間房地產；還建議忠實讀者可經由無基金的投資帳戶，融資買股。」[108]然而正是這類高槓桿投資策略，最終導致二〇〇八年金融海嘯的全球災難。根據美國國家經濟研究局（National Bureau of Economic Research）[109]與聯邦準備理事會（Federal Reserve Board）的研究，持

108 https://www.forbes.com/sites/helaineolen/2012/10/10/rich-dad-poor-dad-bankrupt-dad/?sh=45bd6bc1633a

109 https://www.nber.org/system/files/chapters/c12624/c12624.pdf

有大量槓桿貸款的房地產投資客日益增多，房貸違約率也隨之提高。[110] 二〇〇八年，美國就有超過三百萬間房屋遭到法拍[111]，全是因為屋主想實踐類似清崎在書中提供的理財建議，加上貪婪無厭的銀行也樂意奉陪，最終才落得無家可歸的下場。

至於在英國，柴契爾夫人（Margaret Thatcher）廉價出售國宅後，房屋所有權向來都是全國熱議的話題。這項幾乎把國宅賣光的激進政策，為英國帶來有史以來規模最龐大的財富移轉[112]，房地產也間接成了一筆精明投資，對任何想撈一把的人來說，都相當划得來。於是戴斯決定付錢上課，受訓成為抵押貸款經紀人。白天，他執教鞭；晚上，他透過自己的人脈網絡尋找誰需要信用，再利用貸款公司授予的特許經銷權，為購屋族和小型企業借到貸款。戴斯只要成功讓借款者與貸款公司簽約，便能從中收取佣金，儘管他聲稱當貸款仲介確實進帳不少，顯然卻並未感到滿足。

「我在找有沒有門路能讓我過上那種人人稱羨的生活，也能為我騰出空閒時間，做自己想做的事，結果就誤打誤撞，踏入了交易的世界，」他告訴我，「但我真正開始做得得心應手的卻是網絡行銷，那不只讓我大開眼界，更對創業這回事另眼相看。光靠網絡行銷，我就在極短時間內，達成六位數收入的傲人成就。」

據戴斯所說，他打著阿梅金融學院的名號，到處招兵買馬，找人替自己宣傳並出售 IML 專為新手交易員規劃的訂閱服務，才不過三個月，月收已達兩千英鎊（約台幣七萬六千元）。「只要有人註冊，每月訂閱費一百三十英鎊（約台幣四千九百元）跑不掉，全會進到母公司的口袋裡，公司則每星期五付我們抽成。」隨著他的「團隊」日漸茁壯，佣金也開始一飛沖天。「假設你有加入好了，也找到一百人來註冊，那就是你有一百個人頭，我也一百個人頭。要賺到六位數的話，『團隊』最少得有五百人……基本上這就像滾雪球，會自動越滾越大，所以團隊裡九十五%的人我根本不認識。在我跟你聊天的這個當下，某處的某人就在這個當下找到冤大頭註冊，抽成會累積在我的收入，成為六位數的一部分。」

每個人加入都是為了賺大錢，但這種類型的商業模式遲早一定會走到盡頭，無一例外，因為可以註冊的人終究有限。這套制度只會受惠最早加入且位居高位的那群人，所以才說老鼠會並不合法。戴斯的公司之所以還能被視為遵循法規，靠的完全是在產品上耍的花招，而他對這項產品的定義再清楚不過了：「我們把自己重塑為創造財富的專家，將教會你如何創造財富、如何創造屬於你

---

110 https://www.federalreserve.gov/pubs/feds/2008/200859/200859pap.pdf

111 https://www.ft.com/content/bb1b9c50-e324-11dd-a5cf-0000779fd2ac

112 https://neweconomics.opendemocracy.net/time-call-housing-crisis-really-largest-transfer-wealth-living-memory/

這個世代的財富。」然而他口中所謂的「我們」，其實絕大多數都賺不了多少錢。

根據一份 IML 遭外洩的收入揭露聲明書顯示，公司旗下八十七%的行銷人每年收入不超過五十二美元（約台幣一千六百元），這種現象可說是大部分多層次傳銷公司和老鼠會的常見趨勢。[113] IML 至少還能聲稱有些行銷人其實是顧客，勉強糊弄過去，但依然改變不了事實：這些所謂的顧客都誤以為自己能賺到足以彌補在交易外匯上賠的錢，才訂閱該公司的服務。我訪問過多位年輕媽媽，她們都透過 IML 交易了一年以上，卻發現自己始終敵不過龐大複雜的金融演算法。雖然確實偶有小賺，但用不了多久便繼續慘賠，難怪這些媽媽只能尋求他人慰藉，沉浸在 IML 整個社群的積極氛圍，怪罪自己未能全心全意投入其中。戴斯身為公司領導人，說起話來也相當具有說服力，曾擔任副學年主任的經驗，更為他增添了一分信任感與權威感。他甚至開始招募以前教過的學生和共事的同仁，比如他就是在學校與布萊歐妮結識。戴斯的自身經歷確實能帶來共鳴，不過最重要的是，在他擁有的廣大人脈中，不少出身貧困卻力爭上游的年輕男女都將他信奉為神。

IML 不只透過假授課真行銷、利用行銷人招募新手收取註冊費，賺好賺滿，更物盡其用，只要全球哪裡有可供販售的商品與它搭上線，就從中榨光每一分錢。公司可說是無所不賣，舉凡晚宴、電商軟體、研討會門票皆能與鈔票劃上等號。受邀出席研討會的都是公司最頂尖的行銷人，無不獲得有如先知般的待遇，完全印證了只要看起來口袋越深，受到追捧擁戴的機會越高。IML 也會舉辦需要買票進場的商業活動，場面宛如福音教派佈道大會或流行音樂演唱會，並派出旗下大咖網紅，反覆吹捧保持專注、一輩子追隨 IML 的價值所在，極力打消任何人想取消訂閱的念頭。會員只要報名一場活動，必定會接到另一場活動的通知。有位年輕女性向我表示，自己只不過是買了 IML 大型冬季研討會的一百五十五美元（約台幣四千七百元）貴賓票，馬上有人聯絡她，叫她去註冊七千英鎊（約台幣二十七萬元）的「思維模式」課程，講師正是大名鼎鼎的勵志演說家鮑伯．普羅克特（Bob Proctor）。在迅速致富講者的有利可圖圈子裡，普羅克特可是位大人物，IG 追蹤數超過一百萬。事實上，IML 旗下多位大咖社群明星都是其他多層次傳銷公司和老鼠會的資深老手，各有屬於自己的一群鐵粉，不過其中名氣最響亮的人，也許就是獲得普羅克特真傳的千禧世代信徒——亞歷克斯．莫頓（Alex Morton）。

亞歷克斯．莫頓的 IG 頁面簡直是大雜燴：激勵人心的金句、色情推銷廣告、他搭噴射機四處趴趴走的精心剪輯音樂影片。前一刻他還在千里達，下一刻就已經搭上私人飛機前往拉丁美洲，準備要去散播好消息：「只要有信念，你也能致富」。他的勵志短片被瘋狂轉傳，大量引用十九

113 https://webcache.googleusercontent.com/search?q=cache:IEtmBgbqZ6kJ:https://www.imarketslive.com/htdocs/IML-IDS.xlsx+=3=en=clnk=uk

和二十世紀叫賣書籍採用的偽科學理論，例如一九三七年的暢銷書《思考致富》（Think and Grow Rich），若不是多虧像莫頓這樣的新世代爆紅先知，這本書不會賣出超過一億冊，也不會有現在新一批的廣大讀者群。不少著作承繼該書的精神，《富爸爸，窮爸爸》顯然是其一，再加上莫頓親自撰寫的《平凡學生躋身百萬富翁：胸懷大志、抱持堅定信念、達成偉大成就之道》（暫譯：Dorm Room to Millionaire: How to Dream Big, Believe Big and Achieve Big），全在宣揚相同理念：只要知曉自己渴望什麼，自然會吸引自己所需的一切。

談到亞歷克斯．莫頓是如何闖出名聲，要回溯到他仍就讀於亞利桑那州立大學（Arizona State University）的時候。他當時以學生之姿，率領一間極具爭議的多層次傳銷公司「維瑪」（Vemma）。這家公司自稱販售營養品，專門盯上負債累累的大學生，提供他們機會擔任公司飲品的獨立經銷商，好賺錢還債。維瑪創辦人是班森．伯雷科（Benson Boreyko），這名五十三歲的企業家最初任職於美國規模最大的多層次傳銷公司安麗（Amway），後來才辭職自立門戶。伯雷科毫無疑問是維瑪的執行長，但莫頓加入公司後，才二十一歲的他頓時成了公司代表，走到哪都有人認出，甚至負責主導一項精心策畫的活動，名為「年輕世代革命」（Young People Revolution），目的是要讓學生認為推銷維瑪產品，似乎是件性感迷人的事。在公司的宣傳廣告中，平凡無奇的大學新鮮人過著人人夢寐以求的兄弟會生活，搭私人飛機、身穿名牌衣，靠的全是賣出維瑪各種產品賺得的錢。

維瑪將自家生財之道打造成另類還債手段，可解決窮學生不斷累積的昂貴大學學費。這些大學生皆可能月賺五百到五萬美元不等（約台幣一萬五千到一百五十萬元），前提是要先拿出六百美元（約台幣一萬八千元）的初次投資，加上每月一定要購買總計至少一百五十美元（約台幣四千五百元）的公司產品。[115]事實上，對這些想還債或賺大錢的人來說，如果選擇從事有保障基本工資的工作，有九十七%的機率收入加起來可能還比投資維瑪多，因為在維瑪行銷人當中，高達四成月收不到七十九美元（約台幣兩千四百元），根本連每月最低產品購買門檻都無法達標。面對諸如此類的指控批評，莫頓的回應是：放眼資本主義的任一領域，真正能脫穎而出的成功人士屈指可數，那他們公司的金字塔結構與一般世道又有何差別呢？他說的話確實也不是沒道理。

儘管失敗賠錢的機率高得嚇人，數千人依然深受莫頓刻意為公司營造的形象所蠱惑，持續將積蓄雙手奉上。原本早已深陷日益沉重負債困境的學生，加入維瑪後，更是口袋空空、一貧如洗，承受極大的財務壓力。二〇一六年，美國聯邦貿易委員會（Federal Trade Commission, FTC）將維瑪公司

---

114 https://www.rollingstone.com/culture/culture-news/selling-the-bro-dream-are-frat-boys-peddling-vemma-suckers-190425/

115 https://www.ftc.gov/news-events/news/press-releases/2016/12/vemma-agrees-ban-pyramid-scheme-practices-settle-ftc-charges

視為「老鼠會」，勒令歇業。[116]公司本身與執行長伯雷科皆被禁止採用同一套商業模式另起爐灶，並處以小額罰金，金額之少，與維瑪總收益兩億美元（約台幣六十億元）相比，簡直是小巫見大巫。[117]相較之下，莫頓不但沒有羞愧得無地自容，就此隱姓埋名，這位千禧世代反而早已藉由維瑪，向全美所有多層次傳銷詐騙公司證明自身本事，展現自己在無情詐光顧客金錢這方面究竟多有天分。他簡直成了炙手可熱的大紅人。如今在 IML 社群裡，莫頓與師父普羅克特皆被奉為救世主，是位居高位的致富講者，也是與該公司來往密切的重要人士。據莫頓所言，光靠他龐大的影響力，獨自一人就號召多達九萬人來註冊 IML。[118]

你可以在莫頓的個人網站上，看到他宣稱目前正全心致力於回饋眾人。「我一路走來，實在看過太多好人長期奮鬥卻苦無結果，所以想向他們伸出援手。沒錯，我前前後後加起來確實賺了超過一千萬美元（約台幣三億元），但重點不在於錢，而是賦權於民，讓大家奪回自己本應有的生活。」這段話如果聽起來像莫頓準備展開慈善事業，你可就大錯特錯了，事情可沒那麼簡單。一如既往，你不付錢就無法得知他成功的「祕訣」。

IML 與今日多數的多層次傳銷公司一樣，不會只把雞蛋放在同一個籃子，也就是仰仗像是莫頓等「致富」名流的明星威力來吸引顧客，這些公司也專精於培養新一代名人。IML 將會員依進帳多寡分為共十一等級：下至平均年收入兩百九十五美元（約台幣八千九百元）的第一級，代號白金一五〇，上至金字塔頂端的董事長五〇〇，年收達驚人的五百萬美元（約台幣一．五億元）。行銷人每升一個等級，IML研討會當天便會舉行有如基督教洗禮或猶太教成年禮的儀式。比如說公司在晚秋於倫敦舉辦地區大會時，宣布戴斯晉升至董事長一〇，邀他發表升級感言，整體的宗教儀式氛圍自然不在話下。

地區大會辦在倫敦橋飯店（London Bridge Hotel）的會議廳，整屋子坐的人不是IML低階會員、剛加入的菜鳥、渴望成名致富的人，就是經驗豐富的老手。主持人才發表戴斯的名字，整個會議廳氣氛立刻嗨到最高點，彷彿他是剛從戰場返鄉的軍人或破紀錄的奧運選手。他起身走向舞台，途中不斷有人為他鼓掌喝采，與他擊掌慶賀，簡直像拳擊手登上擂台前，背景會播放的嘻哈音樂。戴斯發表感言時如此起頭：「首先，我想讚美上帝，這一切全歸功於祂。」在IML的文化中，福音派基督教的影響隱約可見，資深網紅時不時便讚美上帝，引用我在五旬結教會從小就聽過的宗教思想，

---

116 https://www.ftc.gov/news-events/press-releases/2016/12/vemma-agrees-ban-pyramid-scheme-practices-settle-ftc-charges
117 同上。
118 IG影片。

只不過 IML 創造的不是一般常見的教會，而是信奉外匯交易的教會。

屋內每個人都為擁有所謂交易員的身分感到自豪，即便他們對自己從事的「交易」根本丈二金剛摸不著頭腦。對這群主要由藍領與少數族裔構成的倫敦佬，不論究竟賺了多少或賠了多少，交易員這個頭銜自帶光環，具有無窮魅力。戴斯自小便夢想能開名車、穿高級西裝、被捧為大人物。而在大會這一天，他成了全場焦點，彷彿坐擁著靠外匯建構而成的領地，以王自居。沒有富裕家庭背景或名校文憑，要往上爬難如登天，也因此老鼠會往往是最容易能踏上的「致富」之路。以戴斯或其他具有類似經歷的人來看，當比賽早已受人操弄，結果註定不利選手時，確實很難對不得不耍花招的選手心懷反感，畢竟我們誰不是身處其中，參與著這場不公平競爭呢？

在交易的世界裡，放眼望去不是當沖客，就是心懷抱負的億萬富翁，許多都跟我從小到大認識的人相差無幾。他們和我一樣，長大過程不斷被灌輸一個觀念，認為自己被外界視為必須解決的社會問題，壓力於焉而生，迫使他們渴望破壞這些束縛人生的種種枷鎖。他們認為展現野心，即是在反抗現狀，然而參與剝削他人的投機事業，不但毫無價值可言，更無法解決問題，反倒只會產生惡性循環，更進一步鞏固現況。人即使再有錢，買再多雙排釦西裝外套、超跑或 LV 名牌包，也無法掩蓋對窮困潦倒之人下手的事實，諷刺的是，正是這種針對弱勢族群偷拐搶騙的行為，讓世人眼中的人生勝利組，遠比魯蛇還來得可悲。

第八章

黑人的命也是命，還是我的錯

「老兄，你聽過推特嗎？」當年二十歲的我，對這個社群平台一無所知，那位發問的朋友也完全不知道，他這一問，等於是為我奉上吸毒管，即將讓我大開眼界。二〇〇九年三月二十六日，我在倫敦大學亞非學院（School of Oriental and African Studies, SOAS）的圖書館建立了推特帳號。「這超狂的耶，老兄，居然可以跟名人聊天，」科菲（Kofi）那時對我這麼說，但他沒說出口的是，推特會讓我和其他上百萬使用者合而為一，彷彿大家同屬一個群體。成為推友後，接下來的十年，我原本只是透過為數不多有在追蹤的帳號，滑遍上千則日常無聊瑣事的貼文，卻沒想到就這樣一路看著推特從發布個人消息的輕鬆愉快平台，突變成供無孔不入反派勢力大肆抨擊公共禮儀與民主的地方。

我和其他同樣習慣每天沒事就上推特隨便滑的一億八千七百萬名使用者，都受惠於這個應用程式，開始有辦法與世界各地大大小小的新聞一搏版面，不必受制於那幾位老白男媒體大亨，但有能力在社群求關注，也改變了我們每個人。只要發表風趣、中肯的言論或強而有力的主張，推特上就會有人稱讚附和，這種回饋機制使大家逐漸改變自己在網路上應有的行為準則。現實中，多數人都會盡可能避開衝突，但到了推特，不少人卻認為發生衝突是能趁機展現聰明才智的絕佳機會，更利用衝突吸引任何自己想迎合奉承的目標族群，以追求「流量」。於是，為了在社群呈現最理想的自己，我們反而做了最不該做的事，更間接創造出一群披上社運人士外皮的新型網紅。

一般認為推特的出現讓進步社運得以成真，但數位社會正義運動的流量暴增，從某方面來看，卻為現實世界的民眾帶來不少傷亡，尤其是當議題涉及種族與性別平等，例如知名度最響亮的社運主題標籤：#BlackLivesMatter（#黑人的命也是命）以及 #MeToo（#我也是）。不安好心的網紅會冒充社運人士，半路劫持進步社會運動，為了自身的金錢利益，扭曲社運初衷，甚至是直接睜眼說瞎話。這些網紅不只成功將本來的社運從集眾人之力的成果中分離出來，更進一步把它變成自肥的個人品牌。他們最終的目標可不是什麼利他的社會變革，而是利己的支票，如果可以順帶培養出一群腦粉，還能拿來變現，那可就再幸運不過了。

眾多龐大勢力目前引領著網路潮流，其中名列前茅的非「黑人推特」（Black Twitter）莫屬，這個統稱指的是以說英語為主的黑人社群媒體使用者，遍布世界各地，包括北美、歐洲以及來自奈洛比與阿布加（Abuja）等城市的非洲公民（Afropolitan）。數以百萬計的推特用戶構成了今日大眾眼中的黑人推特，他們會在線上對彼此講圈內人才懂的笑話、互相開罵，還會對任何一切發表高見，從西方世界的外交政策乃至電視實境秀，無一例外。就像帶著音響系統和麥克風到處跑，與其他團隊較勁的特殊音樂文化，形塑了大家現在耳中聽到的嘻哈音樂與車庫饒舌（grime），這股原動力也暗地裡在網路助長同樣的競爭風氣。妙語如珠的推友只要回嗆得夠精彩，「引戰文」足以令人深表贊同，便會獲得大量轉推，而把對方嘴得體無完膚則是所謂的「嗆爆」（dragging）。

不過待在網路同溫層也意味著，在數百萬名使用者之間爆紅開來的事件，其他數百萬人很可能卻絲毫未覺，對此毫不知情。黑人推特沒有一個領頭羊，數不清的小社群是經由在地、地區、愛好等共通因素所組成，各自為政，比方說「古馳皮帶」（Gucci belt）推特，這個貶義稱呼是用來形容一群次勞工階級，滿腦子只想著金錢財富，所以每次拍照發推，一定會穿戴古馳皮帶與其他奢華炫富的流行服飾，此外，這群人也對性別抱持傳統保守思維，與各路網友在某些值得深思的議題上大吵起來，例如第一次約會誰要買單、舔屁眼可行嗎、男人該不該給女人零用錢、幫女人的性感指數「打分」怎樣才算太高。儘管黑人推特看似一盤散沙，當今世代牽扯最複雜也最重大的黑人推特事件，毫無疑問依然是「黑人的命也是命」（Black Lives Matter，以下簡稱 BLM）運動。這場去中心化的數位抗議行動當初是由一群酷兒黑人女性發起，要不是因為網路，她們不只無法找到發聲管道，也無法發現彼此。

BLM最初始於社運人士艾莉西亞・加爾薩（Alicia Garza）在臉書發表的一則貼文。二〇一三年，艾莉西亞不僅是加州大學（University of California）也是舊金山州立大學（San Francisco State University）的校友，既受過高等教育，本身也積極進取，擔任工會組織者，並與最新一波人數急遽成長的進步派黑人數位原住民，同樣受困於歐巴馬總統連任的進退兩難局面。歐巴馬當選總統被視為將揭開美國後種族時期的新篇章，族裔不再會是枷鎖，用人唯才當道，多數人也都一心一意盼望如此願景能實現，然而現實卻是美國仍然無法擺脫建國時遺留下來的種族階級制度與種種暴行。就在前一年，也就是二〇一二年，年僅十七歲的非裔青少年崔溫・馬丁（Trayvon Martin）手無寸鐵，在佛羅里達遭年紀幾乎是他兩倍大的喬治・齊默曼（George Zimmerman）射殺，後者之所以跟蹤崔溫，只因為未成年的他看起來行跡可疑。不少人把這起命案與五十年前發生在密西西比的事件相提並論：十四歲的非裔少年艾默特・提爾（Emmett Till）遭種族歧視者處以私刑。齊默曼從頭到尾堅稱他是出於自衛才動手，最終獲判無罪開釋。

在對美國黑人動用暴力的漫長歷史中，崔溫之死只是尋常的一頁，因為該國既不保證這個族群死前的人身安全，死後正義也未必能獲得伸張。崔溫的槍殺案促使艾莉西亞上推特，親自打出她稱之為「寫給各位黑人的情書」：「我感到難過的是，就在這個當下，美國有些地方正在大肆慶祝選舉結果，令我反胃到極點。我們必須清醒過來好嗎？別再說什麼這不讓人意外了，光說出這種話，就丟臉到家了。我還是對黑人的命是如此不受重視感到意外，今後也還是會抱持這種感受。別再輕易放棄黑人的命了。各位黑人啊，我愛你們，也愛我們所有人。我們的命也是命。」

艾莉西亞點下推文的按鈕後，她的臉書好友派翠西・卡勒斯（Patrisse Cullors）將關鍵句打成主題標籤：#BlackLivesMatter。不過要等到隔年，也就是二〇一四年，一位警察射殺了十八歲的密蘇里青少年麥可・布朗（Michael Brown），BLM 才真正如野火般一發不可收拾，成為自二〇一一年占領華爾街（Occupy Wall Street）以來美國最舉足輕重的運動，不只人人琅琅上口，更是舉世皆知。如今，那則 #BlackLivesMatter 的推文已經分享超過五千萬次，單單 IG 就有三千萬次。原本大家只是在線上表達抗議，最終卻演變成線下的實際抗議行動，從各地出發前往槍擊事發地點的密蘇里州弗格森市（Ferguson），而 BLM 示威者將主題標籤用來散播消息、安排巴士，讓其他人也能親上前線，參與抗議活動。弗格森的抗議行動最後爆發激烈的警民衝突，有關當局更強力鎮壓抗議民眾，全世界都透過推文和上傳到社群的串流視訊看著這一幕幕同步上演，網友不只幫忙分享，也不斷轉發。於是，這場運動就這樣爆紅開來。

不論是籌辦組織，還是發起社運，派翠西和艾莉西亞兩人在 LGBTQ 黑人社群裡都屬於經驗豐富的老手，因此以 BLM 為名成立正式組織沒花太多功夫，支部更是遍布北美，連英國也不例外，但多數網路使用者只是想用主題標籤來表達內心怒火，並沒有意願要參與任何正規組織。儘管非裔美國人心中都十分清楚他們承受著整個社會帶來的隱形種族暴力，絕大多數的美國白人卻寧可視若無睹，加上大眾媒體素來立場偏頗，視而不見的現象更是變本加厲。但現在情況卻不同了，因為智慧型手機無所不在，大家也喜歡拍下日常生活的每個片段，兩者結合起來，迫使美國民眾頭一次必須不斷見證自己社會裡發生的大小事。而從中誕生的產物，便是 #BlackLivesMatter。BLM 運動已經成了一種發聲管道，讓警方用暴力逼非裔美國人就範的毛骨悚然影片得以傳遍全世界，黑命關天的口號尤其受拉美與西歐的多種族後殖民社會歡迎，這些地方至今依舊可見過往種族不平等殘存的影響。只要搜尋主題標籤 #BlackLivesMatter，就能看到警察對著無辜兒童開槍、拿槍指著女學生、以死威脅年輕女性，以及冷血地用力壓著手無寸鐵父親的喉嚨，使其窒息而死。

問題在於，有些網路使用者認為，光是分享影片便等於參與了社運，但實際來看，這種行為只不過是無償消費，彷彿拍下死亡畫面的影片，只是被視為另一種社群媒體特有的內容形式。以前要發起社運，第一步必須先讓社會大眾對該議題有所認知，現在網紅卻把社運當成可供自己表現的唯一舞台。近年來，數百萬人時時刻刻關注自己的社群追蹤數，為了讓數字增加，無所不用其極，分享暴力影片可說是家常便飯，而且不忘自行在內文中加油添醋，才不會錯失讓自己怒氣滿滿推文瘋傳的機會。影片中的受害者有時甚至會被做成梗圖或拿來當貼文的笑點，藉此掩飾網紅懷有利己私心的企圖，卻硬是包裝成利他的舉動。而談到警察暴力下的受害者，梗圖之多沒有人比得過布倫娜．泰勒（Breonna Taylor）。她在睡夢中遭警方突襲，當場被射殺身亡。主題標籤 #JusticeForBreonna（#為布倫娜伸張正義）一直是喜歡自我行銷網紅愛用的錦上添花道具。不過很少有人厚顏無恥到莉莉．萊茵哈特（Lili Reinhart）的程度，因為這位追蹤數達兩千八百二十萬的演員兼網紅，傳了自己躺在海灘的上空照，並打出下列文字：「既然我的副乳吸引了你們的目光，就記住殺害布倫娜．泰勒的兇手還沒被逮到。我要求伸張正義。」大批網友看到紛紛倒彈，迫使萊茵哈特不得不公開道歉，但她可不是唯一如此明目張膽利用布倫娜之死的人，真要一一列出，恐怕不勝枚舉。[119]

美國民權運動歷來捧紅了不少家喻戶曉的大人物，例如廢奴先驅哈莉特．塔布曼（Harriet Tubman）與人權鬥士馬丁．路德．金恩（Martin Luther King, Jr.）皆名留青史，更馳名中外。雖然比起一路披荊斬棘至今的多數民權運動，BLM 的發起人偏好扁平式組織，但社群媒體的運作方式本來就與此背道而馳。舉例來說，推特本身的設計便是要打造出階級分明的架構關係，最終目標是以你發表的各種看法為中心，藉此培養一批忠實追蹤者，而背後的不成文規定則默默施壓，讓你想盡辦法把追蹤數提高到遠超出自己追蹤的帳號數——這種模型更有可能打造出一支獨秀的紅人，而非人人可平起平坐的社群。不出所料，BLM 的後續發展完全印證了這點，新一代的明星社運網紅紛紛竄出，其中名氣最響亮的莫過於狄瑞・麥克森（DeRay Mckesson）。艾莉西亞和派翠西推特追蹤數原本也不小，靠著 BLM 運動發起人的頭銜更分別成長到十萬與六萬五千，但利用這場運動使知名度大開的狄瑞，追蹤數目前已突破一百萬大關。光從數字來看，追蹤美國樂壇天后碧昂絲（Beyoncé）推特的每十人中，就有一人追蹤狄瑞的帳號。

美國種種新興民權運動的領袖人物無不能言善道、頗為上鏡，狄瑞卻與眾不同，他之所以能成為聚光燈焦點，全靠很會抓關鍵句的影片剪輯、發表高論時簡潔有力，更主打自己就位於整起事件的發源地。狄瑞當時二十九歲，原本在巴爾的摩（Baltimore）擔任行政人員，抗議行動展開後，便直接前往弗格森。不知是刻意為之還是誤打誤撞，他最後全天候參與抗議，同時在當地向日益增多的推特觀眾進行現場報導，進而成為知名社運人士。他確實稱得上是 BLM 社運人士，卻從來稱不上是 BLM 運動的一分子。即便如此，各國媒體依然將他奉為 BLM 社運人士，他也樂於扮演發言人的角色。而狄瑞顯然不負眾望、相當盡責，一般非裔美國人都對他讚不絕口。

有了 BLM 社運人士的頭銜，狄瑞隨即成為知名電視節目的固定班底，比如美國人氣脫口秀《荷

---

119 https://www.huffingtonpost.co.uk/entry/lili-reinhart-breonna-taylor-justice_n_5efb9341c5b612083c53ec2c?ri18n=true

伯報到》（The Late Show with Stephen Colbert），也入選《時代》雜誌「三十大最具影響力的網路人物」，更是大咖派對的常客。他出席《浮華世界》（Vanity Fair）主辦的舉世聞名奧斯卡慶功派對時，依然保持一貫形象，不只身穿燕尾服，還套上正字標記戶外運動品牌 Patagonia 的藍色羽絨背心，身旁站的幾乎清一色是非裔美國人[120]，包括歌手賈奈兒·夢內（Janelle Monáe）、演員蓋柏莉·尤恩（Gabrielle Union）和唐納·葛洛佛（Donald Glover）等。但近年來，這位網紅開始成為許多民權運動人士放大檢視的對象。比方說，狄瑞以 BLM 的經驗出版了《自由的另一頭》（暫譯：On the Other Side of Freedom），打書時卻反而發現自己淪為被抗議的一方。他曾經為黑人社群親上前線，如今同一批人卻指控他坐享其成，一躍成為媒體寵兒，更利用警方殘暴行徑的影片，在有利可圖的講者圈裡建立名聲。甚至有人質疑他與科技巨擘間有不可告人的關係。

狄瑞之所以遭人懷疑，是因為他成了推特有實無名的代言人，不只穿上T恤，宣傳推特這個品牌，更公開試用並推銷推特的全新串流套裝產品。儘管狄瑞否認自己沒有收錢發推，但字裡行間對推特的溢美之詞無不引人側目。二〇一四年，他甚至公開向推特創辦人一再表示感謝：「就各方面而言，你創造推特之舉，不只拯救我們的人生，更讓我們得以為他人努力奮鬥，爭取應有權益。謝謝你＃弗格森。」事後來看，狄瑞的謝詞顯得過於草率，因為這個社群平台也成了極右派的溫床，更讓川普一路靠著在推特說謊、引戰、辱罵，最終被送入白宮。川普甚至直接把推特網站拿來管理美國政府的行政大小事。

近年來，狄瑞也和某位民權網紅在推特結下樑子，對方不但發推頻率更高，內容更狠毒辛辣，追蹤數也遠勝於他。這位網紅就是前牧師尚恩・金（Shaun King），藉由分享非裔美國人遭到各種暴行的影片，迅速打響名號，成為推特數一數二知名的公民記者，也可以說是在新崛起的數位網紅中，唯一一位有本事能與狄瑞網路紅人地位並駕齊驅的人，甚至連卡蒂B也盛讚他是英雄。[121]然而就在流行音樂天后蕾哈娜（Rihanna）於慈善晚會表彰尚恩的貢獻時，狄瑞也在同一晚投書寫下對尚恩的控訴，稱他是詐欺犯，盜用民權運動的募款、對他人做出不實指控、利用其他社運人士的成果來牟取暴利。[122]尚恩透過自己的社論專欄加以反擊，文中一大重點是長達七十二頁的審計報告，秀出來就是為了要證明自己的清白，他接著更指出弗格森的社運人士也同樣控訴狄瑞做過他自己指控的那些事。[123]娛樂雜誌《TheGrio》表示兩人的過節「簡直是毫無意義的賭氣爭吵，兩個男人都拚了命要

---

120 譯註：https://twitter.com/deray/status/970479671560126464

121 https://eu.usatoday.com/videos/news/nation/2019/09/13/cardi-b-supports-shaun-king/2309093001/

122 https://variety.com/2019/biz/news/shaun-king-and-mia-mottley-rihanna-diamond-ball-1203309460/

123 https://www.theroot.com/friend-foe-or-fraud-shaun-king-on-the-accusations-aga-1838042089

宣示主權，卻恐怕誰都無權登上王位」。124

二〇一四年，十二歲的塔米爾．萊斯（Tamir Rice）到公園玩耍，卻遭警察槍擊身亡。事後，塔米爾的母親莎蜜拉．萊斯（Samira Rice）便公開批評 BLM 幾位主要社運人士，趁著她們家為兒子伸張正義時，「利用這起悲劇牟利，占盡好處」。125 她特別點名的人除了尚恩．金，還有塔米卡．馬洛里（Tamika Mallory），後者以社運網紅之姿，吸引了超過一百一十萬名追蹤者，也被批評曾收錢為汽車製造商凱迪拉克（Cadillac）的企業宣傳活動站台。這一波針對社運網紅的強烈反彈，最終甚至延燒到 BLM 創辦人本身。二〇二〇年，派翠西遭人質問，她是如何在公開宣揚社會主義價值的同時，利用不久前才擔任民權運動領袖的職位之便，建立出價值百萬美元的私人房地產資產組合。126

BLM 幾位主要社運人士在社群把自己包裝得更像是私人企業，而追蹤他們的龐大粉絲群，各自都對這些人塑造出來的品牌形象深信不疑。不論是狄瑞、尚恩，還是馬洛里，都利用當初並非他們創造的主題標籤，展開備受矚目的社群人生，更以此為業。不過，因 #BlackLivesMatter 而聲名大噪的幾位網紅之間，卻上演了鉤心鬥角的戲碼，在在顯示社群媒體不但會助長你爭我奪的現象，也會遏止集體合作的機會。這些內部鬥爭帶來的另一個教訓，則是利用主題標籤動員眾人之力，有可能是打著利他無私的名號，實際目的卻是為了要滿足事業和個人方面的野心。同樣身處網紅產業的自稱大師人士和投機分子，可不會放過效仿機會，全都從 BLM 運動的後續發展學到了這一招。

二〇二〇年，喬治．佛洛伊德（George Floyd）被明尼亞波利斯（Minneapolis）市警逮捕時遭到壓制，整個過程其實與當眾被私刑致死無異，因而引起廣大強烈批判，各地機構甚至紛紛重新檢討歷史遺留下來的種族歧視產物。我這輩子首次看到眾人展開並非空談的對話，而是實際認真在探討議題，但樹多必有枯枝，有些人看上數百萬人渴望貢獻己力、捐錢為理想而戰，於是試圖從中牟利。舉例來說，倫敦便有一群黑人美眉部落客、企業家、網紅組成團隊，在眾籌平台「資助我」（GoFundMe）創建頁面，聲稱團隊是受喬治．佛洛伊德之死所啟發，並保證將把捐款貢獻給那些在英國爭取種族正義的鬥士。不過，最初募集到的資金都各自進到團隊成員的口袋裡了。

黑人推特的形象與名聲不只建立在大大小小的抗議示威行動上，也深受黑人文化本身的影響。在黑人推特中挖好料、當作媒體素材，已經為多家公司賺進上百萬美元，更間接帶來一種許多推友眼中的新型態工作。黑人推特使用者創造出來的獨特文法、慣用語、笑話，不斷被跨國公司挪為已

---

124 https://thegrio.com/2019/09/17/how-the-shaun-king-deray-mckesson-beef-leaves-us-not-knowing-what-to-think/?fbclid=IwAR033pkvGPqO5E8yKwM--her8a4wHjWqaBMfcV9kk6MYvoeylbiwmvbGx7k

125 https://www.essence.com/news/mother-of-tamir-rice-tells-activists-to-stop-profiting-off-her-sons-death/

126 https://www.dailymail.co.uk/news/article-9479179/BLM-founder-defends-property-empire-reveals-spent-week-security.html

用，放進廣告文案。二〇一九年，美國人氣連鎖速食店卜派炸雞（Popeyes）推出新款炸雞漢堡時，就用了黑人俚語，打起社群媒體宣傳戰，「喲，各位還行嗎？」（Y'all good?）[127]，擺明就是要酸競爭對手溫娣漢堡（Wendy's），因為後者先前發推宣傳自家新漢堡時[128]，也採用了類似的口吻。[129]兩家不只在新推出的炸雞漢堡上進行正面對決，推文也打得不可開交，簡直是數位版的漢堡大戰。

上萬人轉推兩方的推文，從旁搧風點火，顯然很中意這種浮誇式宣傳，最終也讓卜派炸雞的新款漢堡一夕之間爆紅。沒過多久，連鎖店便宣布新款漢堡在全美各地幾乎銷售一空。在一「堡」難求的情況下，社群用戶紛紛回報店外大排長龍，老是消化不完，店方也表示旗下員工日夜趕工，全累壞了，更別提原本還能撐上兩個月的漢堡庫存，狂賣到缺貨。據估計，光是卜派炸雞這條推文在消費者間引起的注意，換算下來價值就高達六千五百萬美元（約台幣二十億元）。[130]

黑人推特具有的龐大商機顯而易見，除此之外，推文常出現的「閨蜜／基友」（squad）、「北鼻」（bae）、「超正點」（on fleek）、「歐耶，女孩」（yas queen）等用詞，也早已成為美國流行文化的一部分，更是多元文化倫敦英語（Multicultural London English, MLE）這種倫敦方言的必備語彙。帶有諷刺挖苦意味的黑人俚語「覺醒」（woke）甚至在主流媒體隨處可見，儘管它可說是這十年來最受到濫用、誤用、誤解的一個詞。

黑人推特文化對網路措辭用語的影響之大，可說是首屈一指，無可匹敵。儘管利用公開共享文化以牟取私人利益，究竟是否涉及道德方面的問題，備受爭議，卻並未讓這些飽受抨擊的對象停下腳步，放棄玩文字遊戲和展現機智風趣的一面，藉此互相較勁，看誰才會爆紅。也因此，黑人推特成了網路作家與盜用文字慣犯密切關注的創作工廠，因為他們都希望只要打出簡潔有力的文章，或拿別人社群內容的文字複製貼上，便能在網路上小有名氣。追蹤數確實可以透過上電視、登台演講、出書等方式間接變現，無怪乎人人想增加追蹤數的野心越來越昭然若揭，簡直到了表露無遺的地步。比方說，推特用戶會在瘋傳推文的下方回覆中，直接貼出聯盟行銷產品的連結，好讓自己從中賺取佣金；目前也越來越多社群使用者建立 Cash App 帳號，再連結到自己最瘋傳的推文串或貼文。

透過 Cash App 應用程式，只要其他使用者喜歡你的推文，便能直接打賞。不過引進這套獎賞機制，意味著線上社群就此淪陷，使用者為了受人矚目、獲得私人利益，將不擇手段，最終形成惡性競爭。這種現象的確不只發生在黑人推特，但就一個致力爭取平等的社群來說，卻顯得格外虛偽。

---

127 譯註：https://twitter.com/Popeyes/status/1163510538959069184

128 譯註：https://twitter.com/Wendys/status/1124763246370676737

129 https://www.nytimes.com/2019/08/21/business/popeyes-chicken-sandwich-twitter.html

130 https://www.agencedada.com/en/2019/12/11/popeyes-chicken-sandwich/

此外，因推特平台的設計而得利的人，不光是最伶牙俐齒的能言善道者，更包括那些迎合受眾極端偏見的馬屁精。平台本身有兩百八十字元數的發推限制，確實並非表達帶有弦外之音獨到見解的首選，但正是由於經濟誘因，促使發表簡潔內容一事變質，造成逐底競爭的比爛現象。要瞭解世界的真實樣貌，就不該上推特一探究竟，因為不少人發推都是為了受人吹捧、引人矚目，是否真心相信自己發出的貼文，他們根本無所謂。

除了種族外，最常讓推特社群形成壁壘分明的因素，就是種族、性別與政黨，原因無他，這三大標籤往往最容易引起敵對各方的情緒化發言。八卦電視節目每週都會上演新一輪的「種族爭論」，像是英國的《早安英國》（Good Morning Britain, GMB）就曾在前主持人皮爾斯・摩根（Piers Morgan）的率領下，探討對種族主義語言表示關切，此舉本身是否便帶有種族主義的意味，還在節目來賓指出英國也設置過集中營後，企圖為英國殖民主義辯護開脫，更當面對著一名黑人來賓表示，如果他真的認為英國有種族歧視問題，就該回去祖國才對。131《早安英國》是蓄意要激怒觀眾，而非教育他們、補充更多值得深度思考的看法。節目更反其道而行，時不時逛推特，就為了搜尋能讓觀眾群起激憤的話題。不只是《早安英國》這麼做，有時候彷彿大家在推特平台上所做的一切，根本大同小異。

貧民窟之花大賺白人女性鈔票

談到超脫黑人推特社群，還能搖身一變成為真正的超級網紅，琪黛拉・艾格魯（Chidera Eggerue）正是數一數二的佼佼者，追蹤數更在爆紅後增加五十萬之多。二〇一七年七月十七日，曾就讀知名 BRIT 表演藝術與技術學院（BRIT School for Performing Arts and Technology）的琪黛拉，將自己一系列比基尼照編輯成 GIF 動圖，上傳推特，打算效仿主題標籤 #BlackLivesMatter，以達自身目的。最終誕生的便是 #SaggyBoobsMatter（#下垂奶也是奶）以及說明來龍去脈的部落格文章，內容提到琪黛拉本人曾動過隆胸的念頭，如今則主張拒絕男性凝視。若說 #BlackLivesMatter 訴諸的是眾人內心深處渴望挺身反抗不公不義的行為，#SaggyBoobsMatter 的主題標籤便是琪黛拉藉由上傳比基尼照與真空挑逗照，鼓勵其他女性如法炮製，也不必擔心自己的雙峰是否符合傳統標準的性感酥胸。

IG 流行自拍的風氣，使得自我商品化的概念大行其道，不符合嚴格審美標準的女性無不感到自己被拒之門外，而琪黛拉這一舉動，無疑便是在宣稱每個女人都有權參與其中，展現自身之

---

131 https://www.youtube.com/watch?v=eoP4KuKOluM

美。她發起的運動可說是各大八卦媒體夢寐以求的話題，一次網羅了它們最愛的爭議和女性胴體，堪稱完美。光是社群新聞網站BuzzFeed針對琪黛拉撰寫的報導，點擊觀看次數就超過一百萬。隨後，琪黛拉與經紀公司潛水鐘（Diving Bell）簽約，這間公司雖然剛成立不久，旗下社運網紅知名度卻一個比一個高，琪黛拉的名氣自然也水漲船高。即便一般大眾開始注意到身體意象的問題顯然已有多時，#SaggyBoobsMatter也早就是廣受談討的議題之一，這位奈及利亞裔英國人依然被時尚雜誌譽為新運動的「幕後推手」。[132]頂尖模特艾希莉．葛雷罕（Ashley Graham）和體態豐腴的曲線模特丹妮絲．畢朵（Denise Bidot）分別創建了主題標籤#IAmSizeSexy（#我是性感尺碼）和#ThereIsNoWrongWayToBeAWoman（#女人怎麼做自己都沒錯），目的便是要傳達「天底下任何女人皆各有各的美」。她們發起這些主題標籤活動，其實都是各以各的方式在表達抗議：修圖照把根本無法達成的審美標準強加在女人身上，更進一步強化女性價值與外表密不可分。超級名模葛雷罕曾登上地位至尊的《運動畫刊》（Sports Illustrated）泳裝特輯封面，現在卻成了反物化社運的門面，而這場運動還代表了不受世人歡迎的非主流身體意象。

各大品牌向女性拚命推銷無法企及的不健康身體意象，以便在產值高達五千億美元（約台幣十五兆元）的美容產業衝高業績，面對這股龐大潮流，身體自愛運動看似是在挺身反抗，實則變相淪為另一種消費工具。葛雷罕等多位網紅由於引領身體自愛的風潮，備受讚譽，彷彿掀起了一場「美麗革命」，[133]不過她與其他模特都只是披著社運人士外皮的女企業家，散播與消費主義不謀而合的訊息：任何人只要穿上性感服飾，即可變美、充滿自信——而這些產品只不過是碰巧由這些模特來推銷而已。

身體自愛運動素來都把重點擺在大尺寸、深膚色、有生理缺陷或三者皆有的女性身上，希望這些人看到暗示著與她們外形相反才是美的大眾廣告時，可以不必感到灰心喪志，反倒能自在面對自己的身體。相形之下，引領時下這股身體自愛新興運動風潮的模特，個個身材曲線玲瓏，符合傳統審美觀，儘管自稱是社運人士，背後的操作手法卻更像是私人企業。幾位最備受矚目的模特也不像參與環保或政治運動的人士，團結一致，朝單一目標共同努力，而是各自發起運動，為口號標語申請著作權，加以商品化，當成變現工具。這些運動鼓勵一般女性自拍不雅照，再標上多位模特的主題標籤大肆宣傳，表達對主流審美觀的抗議，但在知名度最高的數個活動中，主題標籤卻往往是已註冊商標，得以讓所有權人賺進一筆財富。諷刺的是，這些主題標籤的幕後黑手都是符合一般審美

132 https://www.spellmagazine.co.uk/spellmeets/meet-the-millennial-mastermind
133 https://www.self.com/story/ashley-grahams-body-revolution

觀的俊男美女。

至於琪黛拉，她本人非常上鏡，擁有人人稱羨的勻稱身材。點進她的社群部落格，便會看到有如雜誌排版般的長長一頁，而照片中的她風情萬種，散發出不好惹、風趣、富有霸氣的氛圍，簡直與專業模特無異。雖然琪黛拉與公關人員把她不穿胸罩的決定，重新包裝為獨創之舉，但事實上，這種擺脫束縛的行為早在一九六八年就轟動一時，蔚為話題：女權運動人士當時為了抗議美國小姐選美比賽，於是脫下胸罩，揚言要燒掉。時至今日，燒胸罩事件依然具有深遠影響。與之相比，琪黛拉脫下胸罩，卻是為了鼓勵女性參加 IG 上無所不在的新一代數位選美比賽。她的社群平台以脫胸罩為開端，迅速竄紅，本人更成為粉絲眼中的專家，任何議題都能高談闊論，從種族平等到公共安全，乃至女性要如何關照自我。琪黛拉便順理成章成為新興「社運網紅」的一員，而她採用的成名套路，如今有無數年輕男女紛紛效仿，也想藉此闖出一片天。

不過，琪黛拉之所以能大紅大紫，靠的不光是社群的龐大追蹤數。這位以網名「貧民窟之花」（Slumflower）更為人熟知的網紅，並不像《戀愛島》參賽者追蹤數高達百萬，也沒有知名 YT 頻道主的上千萬訂閱數，或甚至像爭議不斷的黑人網紅恰卡巴斯（Chakabars）擁有一票狂粉——他是靠著在 IG 上傳梗圖、健身時拍的上空性感裸照、疫苗假消息，吸引超過一百萬人追蹤，絕大多數都是黑人。相較於這些大紅人，琪黛拉的數位流量多半要歸功於追蹤者的類型。網紅人如其名，事業重心幾乎全放在網路上，而那些從沒沒無聞、一路培養出死忠粉絲群的網紅，通常屬於以下任一族群：時尚迷、社運人士、勵志大師、專業部落客、健身名人、財富先知或模特。貧民窟之花囊括以上七種身分，商業合作機會也因此幾乎無所限制，包山包海。比如說，她曾站台聲援的對象或組織就包括（算是）民主社會主義分子的倫敦市長，以及知名跨國企業品牌愛迪達（Adidas）。

與眾多網紅不同的一點是，琪黛拉的社群追蹤數，實際等同於是線下的粉絲群。她首次在哈克尼（Hackney）主持現場直播節目時，我便親眼見證了這項壯舉。那是在狂風暴雨的某一晚，剛好是二〇二〇年新冠疫情肆虐的前夕。只見直播現場外大排長龍，隊伍延伸了整整一個街區。琪黛拉比表定時間還晚才現身，但她一出現，全場立刻爆出歡呼聲。她漫步走向舞台中央，穿著勾勒出身材曲線的貼身白洋裝，腳踩飾有蝴蝶結腳踝綁帶的粉色高跟鞋，渾身散發出難以招架的魅力。她登場的背景音樂是年輕陷阱饒舌（trap rap）歌手芙流．米莉（Flo Milli）的強力金曲〈不爽之芙流混音版〉（Beef FloMix），歌詞劈頭就唱出：「我愛錢，也愛我從頭到腳（不蓋你）／衝一波，你敢不敢更快？（快啊）／誰管出不出名，我只要大把鈔票（拿錢來）／她再死盯著我瞧，我就搶她男人（他逃不過）。」

這首歌簡直預示了節目的走向，即便放眼望去，它似乎與場內觀眾不怎麼搭調。在這間充滿復古流行風的藝術中心裡，坐滿了高達一千位女性觀眾，看上去九成都是白人——琪黛拉的受眾顯然已經不再是她剛成名時的目標族群了。我從與琪黛拉合作的一間公關公司得知，廣受白人女性歡迎這點反而讓她在各大品牌更吃得開，甚至比追蹤數是她三倍之多的黑人網紅更有機會獲得更高報酬，不過前提當然是同行黑人網紅的追蹤者絕大多數都是黑人女性，否則就另當別論。更值得注意的是，在社群追蹤琪黛拉的人都是不隨波逐流並懂得自行決策的年輕女性：報紙各版的編輯、藝術家、策展人、電視導演、資深製作人、企業律師、女實業家、資深出版人、作家。她的影響力貨真價實，因為這群人有不少都屬於千禧世代，在形塑英國百姓生活的各行各業中，具有一定的影響，是一股不容小覷的力量。而千禧世代如今可說是最龐大的消費族群，再加上不論單身與否，千禧世代的女性無疑是花錢最不手軟的一群人[134]，因此各大品牌公司無所不用其極，就是要擄獲這一消費主力族群的芳心。誰只要能吸引她們的注意，即可呼風喚雨，等著各種合作機會送上門。

琪黛拉第一次主持現場直播節目，全場歡呼聲便不絕於耳，盛況有如基督復臨。「我今天想來仿照教會的流程，請人分享她們自身見證，」她說完，就讓預先安排好的來賓一一上台，分享自己的人生是如何因為琪黛拉和她寫的好書，從此改頭換面。「妳們是怎麼奪回掌控權的？」是琪黛拉向每位來賓提出的問題。這些女性絕大多數都是白人，年齡落在十八到三十歲之間，少數幾位年紀更大，全把琪黛拉視為崇拜對象，而這位眾所仰慕的大師，十分樂意教授她們忘掉壞男友、走出情傷的祕訣，成為像她一樣，怎麼看都是個「狠角色」。

琪黛拉的早期追蹤者看起來主要都是偏深膚色的女性，她本人也不時發推，譴責白人女性竊取黑人文化，但隨著時間過去，為了吸引那些顯然最有利可圖的族群，她不惜改變言行舉止，迎合對方。琪黛拉曾發推表示「女白人想變成我們，根本想得要死」，更在推特發表高見說：「我在談的問題，就是女白人一邊模仿黑人女性，一邊壓迫她們」；然而鏡頭一轉，她現在卻收錢為一整群白人表演作秀，這種行徑無異於嘻哈歌手罵白人粉絲講歧視黑人的N開頭字眼，卻同時樂得收下他們奉上的大把鈔票。

琪黛拉以容易引發議論的形象來塑造「貧民窟之花」，確實培養出一群對她又愛又恨的死忠腦粉，也讓她的明星光環更加閃耀。在《Vogue》乃至《Dazed》等時尚雜誌裡，都能看到主張女權的白人作者紛紛把貧民窟之花捧為黑人女權代表人物，即便琪黛拉公開表達的各種看法不是極其扭曲複雜，就是與主流大相逕庭。她告訴在場觀眾「現代女性主義正在毀了妳們的人生」，這種主義也把她們孩子主要照顧者的那些男人視為「魯蛇」，更把柴契爾夫人絕不屈服的精神，拿來包裝潘·葛蕾兒（Pam Grier）領銜主演的黑人女性復仇電影《騷狐狸》（Foxy Brown）。記者艾許·沙卡（Ash Sarkar）形容琪黛拉的理念是「多元交織性柴契爾主義」。[135]琪黛拉還叫其他女性只跟多金男約會，並盡可能利用對方，比如讓他們替妳付帳單、為妳買名牌服飾或給妳零用錢。

---

134 https://www.merkle.com/thought-leadership/white-papers/why-millennial-women-buy

135 https://novaramedia.com/2021/01/20/the-slumflower-beef-has-exposed-the-limits-of-influencer-activism/

琪黛拉活脫脫就是「金光黨喬安」（Joanne the Scammer）的真人版，後者當年在網路掀起轟動，實際上卻是當時才二十多歲布蘭登．米勒（Branden Miller）一手打造出來的虛構人物。喬安自稱是「說謊成性的騙人精，愛死各種偷拐搶騙。我這婊子生來難搞，活著就是要看好戲、幹大事。」這大膽放蕩的宣言一出，果然讓喬安一炮而紅，因為她儼然是年輕世代心中夢想的化身，而這些年輕族群都是聽嘻哈音樂長大，無不希望迅速致富，釣到有錢男人，享受奢華生活。喬安目前 IG 追蹤數達一百七十萬，人氣依舊，但終究只是個帶有諷刺喜劇意味的虛構人物，相較之下，琪黛拉卻從不出戲，人設始終如一。「如果有男人走進我的生命，我會榨光他身上每一分錢，再送他離去，」這是她曾發過的推文。琪黛拉認為那些錢都是應有的「賠償」（reparations）——這個詞是她挪用自為了補償橫渡大西洋奴隸的子孫受到世世代代不平等對待，進而發起的運動。

琪黛拉更維持一貫言行不一的本色，在貼文中大罵資本主義，卻又間接宣傳著它有多吃人不吐骨頭的一面，更百般嘲笑財富不自由的經濟弱勢族群。她也指控英國黑人男性欠缺該有的強勢經濟實力，也是該國唯二性別工資差距女大於男的族群之一，是只會扯後腿的豬隊友，讓事業成功的黑人女性無法真正大鳴大放。她發推寫說：「我唯獨就是不要因為那些男黑人，搞得自己死的時候一窮二白，」並選擇和保守黨站在同一陣線，表示他們必須自力更生，好好振作。她還告誡大家「別再寵壞那些男黑人了，我以曾經執意要強行爭取社會正義的過來人身分告訴各位，我們多數人都是懷有『拋下男黑人』的罪惡感，才不得不替他們發聲，但這群被視為同一掛的男黑人，對於我們施捨的同胞情誼，根本不懂得要回報。乾脆就別管那些人了，讓他們自食其力，學會要如何為我們努力奮鬥吧。」

琪黛拉鎖定的女性不分黑白，並將自己定位為感情大師，開始向尋求她幫助的上千名年輕女性提供各種感情建議。舉例來說，其中一位找上門來的女生表示，自己正在交往的男人就讀醫學院，真的很愛她，只要他手頭夠寬裕，約會都是他請客，平時對待她的方式「令人感動」，但他現在為了花兩年取得醫學碩士，約會經常採AA制，頻率高得超出她預期。於是她問貧民窟之花：「我這樣縱容他，是不是以後什麼都得各付各的了？」貧民窟之花的回應還是老樣子那一套：姊妹啊，把他甩了啦。「去找個新男友吧，只要妳放寬眼界、認識更多人，就會發現這世上還有很多男人比他更有錢、更帥氣、更成功、更風趣、更浪漫，甚至遠比他更有趣。」以她以往的作風來看，這段話其實還算委婉了。

而琪黛拉經常落人口實的一點，便是發言自相矛盾。她曾發推表示，唯一能保護女性的方法，便是讓所有男人徹底滅亡。其他女性在關心社會壓力重擔逼得男人自殺的議題時，她還留言反駁說：「我可沒那個閒功夫去思考，你們男人犧牲我才建立出有利於自己的體制，為什麼它現在會反過頭來令你們感到窒息……因為什麼男兒有淚不輕彈，搞得男人不能哭就去自殺，關我屁事？」[136]

---

136 https://www.thetimes.co.uk/article/why-should-i-worry-about-male-suicides-says-feminist-writer-rvjzq3xj8

《衛報》專欄作家柔伊．威廉斯（Zoe Williams）指出琪黛拉這種看法欠缺人性後，立刻被黑人女性網紅群起痛批，指責擁有特權的白人女性公開反對黑人女性並不恰當——妙的是，在這起風波中，琪黛拉毫無疑問才是更具影響力的知名人士。過去，琪黛拉也曾在推特發長文，談到「女白人是如何裝可憐假哭以規避責任」，沒想到風水輪流轉，現在換她自己依樣畫葫蘆，甚至還不時就把新到手的特權拿出來說嘴。

琪黛拉靠著各種活動荷包賺滿滿，有如重獲新生的她向年輕女性觀眾表示，唯有獨自生活，才能真正瞭解自己，但對她那些領平均薪資的聽眾來說，要在英國首都獨居根本是在做白日夢。就連有些忠實粉絲對這項建議提出質疑，更懷疑說叫年輕女性以銀行存款多寡來判斷男人值不值得交往，以免被對方利用詐財，真的明智嗎，琪黛拉依然故我，發推說：「女白人和男黑人非常熱衷於監管黑人女性如何花錢，因為妳們有太多人都深信，黑人女性不該勇敢站出來，要求對方給予自己最好的待遇。我們有些人可沒在找什麼老掉牙的靈魂伴侶啊。」

不是只有琪黛拉抱持上述扭曲的偏差想法。學者艾瑪．達比里（Emma Dabiri）便在暢銷隨筆集《白人接下來有何能耐》（暫譯：What White People CanDo Next Do Next）裡寫道，將自己塑造成社運人士的網紅，是如何濫用身分認同政治，規避自身商業利益伴隨而來的責任：

社群媒體的本質使得義憤填膺的態度易於換取獎勵，尤其是在推特等平台，憤慨發言輕而易舉

便能吸引同溫層與無腦女性，累積驚人追蹤數、獲得無數愛心、貼文被大量轉推。這些鍵盤分析只會讓網友不斷身處「憤怒」的情境之中……當「社運活動」與資本關係密不可分，推特人設也成為一種品牌，你何來的動機要與人建立相知相惜的關係，又何必利用人為精心打造的字裡行間（社群身分），費心團結眾人？科技曾保證會讓我們獲得解放，也無可否認確實讓有些女性、少數族裔、LGBTQ+ 社群受惠，即便如此，它依然是一頭不容小覷的野獸，渾身自相矛盾。

琪黛拉的人設奠定了她在黑人推特扮演典型反派角色的地位，但她針對男性心理健康的冷酷無情批評，導致許多同行擔心找她代言的品牌會就此終止合作關係。有人認為她早就「大撈一筆」，盡可能把好處都搜刮一空了；還有人私下聯絡琪黛拉，想給予支持、提供建議，但她不爽聽命行事，也不喜歡被人指出自己錯了，因此根本不買帳，反而叫對方別多管閒事，旋即拉黑封鎖。不久後，越來越多小有名氣、影響力卻遠遠比不上琪黛拉的黑人網紅，開始公開指責她塑造的品牌完全是超個人主義的表現。不過，琪黛拉似乎並未因為各種偏激言論，被列入社群平台的黑名單，但面對各方強烈抨擊，確實迫使她不得不刪掉爭議推文。

事實上，所謂的品牌除了帶來金錢利益外，幾乎毫無其他價值，因此貧民窟之花對外展現的極端立場，只不過是讓琪黛拉名氣繼續水漲船高的手段。她的偏激態度更促使最死忠的鐵粉跳出來，挺身護主，甚至連一大票知名英國黑人女性都選擇不再支持她後，依然有群年輕白人女性腦粉癡心追隨，與琪黛拉基本上就是做人要夠自私的建議有所共鳴。「凡事都要以妳優先！這可是雙關喔，」她對著哈克尼的觀眾吐了一下舌頭，隨即開心地笑得渾身亂顫，接著更說：「妳必須積極去爭取屬於自己的幸福。」

這場直播活動同時也是為了要幫琪黛拉打書——《如何放下戀情》（暫譯：How to Get Over a Boy）。新書與她暢銷處女作《此時此刻正適合獨處》（暫譯：What a Time to Be Alone）一樣，隨手翻翻即能看出文字密度偏低，有時可能一頁上面才兩三個字，其餘全是充滿活力的鮮明色彩、插畫、圖案。這本標榜是心理勵志的書籍顯然真正能激勵人心的部分並不多，但琪黛拉的兩本著作都在文學界獲得大肆報導，更名列《ELLE》等雜誌相當具有可信度的推薦閱讀書單，並以大篇幅介紹。當琪黛拉受邀擔任來賓，負責主持 BBC 廣播四台（Radio 4）的頭號節目《今日》（Today），更進一步奠定了她在英國菁英分子間的地位，因為這個節目當時不論是節目主持人或記者皆從未任用過黑人，而且據傳英國女王也是忠實聽眾。

此時此刻，她正在哈克尼的會場這裡傳授耳根子軟的年輕白人女性，要如何利用性愛，獲得自己渴望的一切。「我都把這叫做狠角色心態，」琪黛拉開懷大笑說，畢竟她毫無疑問就是今晚的全場焦點，再怎麼開心也不為過。

琪黛拉都簡稱自己為琪蒂，而琪蒂可說是掀起了現象級旋風。儘管歷經了推特上的風風雨雨，眾多粉絲也頂著狂風暴雨排隊，就為了在直播節目中一睹她的風采，但她取得的成就依然不夠格稱得上是真正的成功。這位琪蒂擁有的確實並非黑人推特般轉眼間就可能改頭換面的社群，而是實際存在的粉絲群，雖然諷刺之處在於，她是挪用黑人推特利用主題標籤成功登上主流媒體的手段，才培養出這群腦粉，但她們並非假帳號這點依然是不爭的事實。

暫且先不提 #SaggyBoobsMatter 背後的個人野心，這個運動本身要傳達的訊息不只單純正向，也很容易打動人心。真正的問題是，貧民窟之花開始重新把自己包裝成網路感情大師後，人設也隨之一變，言行舉止更容易引起事端、造成爭議。隨著她一步步深入感情詐欺的世界，開始發現志同道合的年輕女性會互相討論，研究要如何從男人身上榨光每一分錢。不過矛盾的是，真正讓這些自稱感情大師女性賺好賺滿的人，其實不是男人，反而是付錢向她們諮詢的其他女性同胞。琪黛拉最後是向一位非裔美國人拜師學藝，成為地下「約會教練」伊曼妮・伊芳（Imani Yvonne）沒有名分的學徒。據伊芳自稱，客戶依照她的建議行事，紛紛成功找上有錢男人，也順利敲了對方竹槓。琪黛拉承認自己本來是伊芳的客戶，但兩人後來成為朋友，是平起平坐的關係，還會一起拍片，共度假期。此外，琪黛拉在追蹤伊芳的社群後，態度轉變不言自明，越來越不忌諱表達對物質財富的追求，甚至開始仿效起她的導師。

那時候，為琪黛拉出書的方舞出版社（Quadrille）眼見她處女作大賣，立刻請她再寫第二本書，這次主打的客群改為失戀心碎的年輕女性。琪黛拉為了打書，上傳了一系列影片與貼文，鼓勵年輕女性把性愛視為交易手段，甚至要求對方付生活費，補償她們花在對方身上的時間。「我向來都會打點好一身行頭，確保自己看起來像女神般光鮮亮麗，因為我就想被當成女神伺候啊，」她如此表示。琪黛拉當初發起 #SaggyBoobsMatter 的初衷是要女人做自己，如今態度卻一百八十度大轉，還鼓勵年輕女性打扮得盡可能性感迷人，才能釣到那些多金男。「要是手頭沒什麼錢可以時常替衣櫃汰舊換新，就拿既有服飾翻新改造……妳如果真的非常確定自己內心渴望的是什麼，就動腦想辦法，不擇手段去爭取，別讓其他人影響妳、阻止妳，因為等妳到了下半輩子，後悔二十、三十或甚至四十多歲應該過上不同的生活時，他們可不會在妳身邊聽妳吐苦水。」

琪黛拉出書後，伊芳指控她盜用自己傳授的招數。儘管琪黛拉在新書給出的建議沒什麼深度且隨處可見，難以構成剽竊，伊芳仍然主張琪黛拉竊走自己的各種建議，重新包裝出版。過去，琪黛拉曾公開讚美伊芳，推薦自己的粉絲找她諮詢感情問題，但現在，這位美國人開始覺得她的學徒不只沒有將一切成就歸功於自己，還逐漸抹消自身存在，坐享其成。諷刺的是，琪黛拉不久後也會以一模一樣的理由，指控同為網紅且流量勝過自己的競爭對手。

二十一歲的佛羅倫絲．吉凡（Florence Given）由於在 IG 上傳各種可供分享的女權主義梗圖插畫，因而聲名大噪，追蹤數累積超過五十萬。她主打女權主義入門的社群品牌備受讚賞，特別是琪黛拉本人也公開表示過支持——直到佛羅倫絲的作品銷量超過她為止。風波發生那一年稍早，佛羅倫絲寫下新紀錄，成為史上連續數週打入《週日泰晤士報》（Sunday Times）暢銷書榜前五的最年輕作家。她的自傳性作品《女人的美麗可不是欠你的》（暫譯：Women Don't Owe You Pretty）收錄時下流行的女權觀念與親繪插圖，再加上精心安排的社群行銷活動，甫上市即賣翻。佛羅倫絲也事先做了功課，研究白人女權主義者該盡什麼本分：她「清點了自己擁有的特權」，很清楚自己身為女人的經驗不同於社會地位較邊緣的女性，並盛讚琪黛拉與數名黑人女權作家為社會帶來的影響，即便琪黛拉的書根本稱不上是黑人女權的學術著作。

琪黛拉指控佛羅倫絲抄襲自己的書，更聲稱她能出人頭地要歸功於「白人至上主義」（white supremacy），特意點出白人藝術家長久以來都因為模仿黑人藝術家的風格而得利，就像搖滾樂的起源。這兩位的作品無庸置疑都屬於同一類型，專為寧可不拿起書閱讀的人而寫。儘管琪黛拉主張佛羅倫絲身為白人，在白人消費者間更吃得開，確實有幾分道理，但佛羅倫絲不僅最初便讚揚了琪黛拉的影響力，兩名女性無論是地位還是受歡迎程度，也可說是旗鼓相當。真要說的話，琪黛拉才是最先與大型出版社簽約、最先賣出暢銷書的人，完全不是什麼邊緣人，可不能等閒視之。

琪黛拉做出上述指控後，還告訴粉絲，就因為自己敢於發聲、直言不諱，原本擔任她與佛羅倫絲的經紀人選擇不再負責她，卻繼續替競爭對手做事，更進一步證明白人至上主義真有其事——只不過真相並非如此。事實上，琪黛拉早在數月前便與經紀人切割，指控事件發生的時候，正在等離職前的三個月通知期滿。她其實是主動辭職，卻告訴粉絲自己是被開除，趁機子虛烏有，捏造自己受到了不公正待遇、塑造自己受了委屈的形象。

佛羅倫絲似乎對琪黛拉敬畏三分，在貼文回應說：「我非常喜歡琪黛拉，她是我朋友，多年來，我也在自己的社群平台對她表示支持，並分享她的成果與著作。她毫無疑問大大啟發了我，我也在書中多次讚美她。琪黛拉會感到如此痛苦，以及造成她痛苦的原因，完全情有可原，所以種族與特權的問題探討，永遠有其必要……」要是她以為這麼說便能討好琪黛拉，可就大錯特錯了，結果反而火上加油，讓琪黛拉氣焰更盛。琪黛拉繼續大張旗鼓，煽動粉絲：「這完全展現出何謂白人至上主義，在妳們眼前真實上演的，就是一名黑人女性自行發起解放運動，最後卻被迫讓出舞台，退居邊緣地位。」琪黛拉有許多黑人同行其實私底下都不同意她的看法，但表面上都保持沉默，只能冷眼看著她那群腦粉大軍抱團取暖。這些死忠粉絲有不少是白人，無疑也很清楚自己帶給世人的觀感，更擔心受人指點，被迫清點自身特權。

對學術圈人士來說，大家都拚了命想讓自己的研究發揚光大，恨不得有人分享、引用、複製內文時註明出處，所以琪黛拉展現出來的態度，恐怕會讓這些人大感困惑。她如果真的在乎自己支持的理念，那佛羅倫絲成功吸引超過十萬人對女權價值觀買單，就等於多了十萬人相信琪黛拉的理念。問題在於，琪黛拉的所作所為並非真正的社運，而是一心追求私人名利所建立出來的私人企業。

在哈克尼的直播節目現場，來到貧民窟之花邀觀眾一一上台分享的橋段時，氣氛簡直嗨到最高點。值得注意的是，每位現身說法的女觀眾，不分年齡與出身背景，個個聽起來脆弱無助又缺乏自信。最先登台的女性自稱貝琪（Becky），才剛跟男友分手，還沒完全習慣單身生活；接著是四十二歲的羅克珊（Roxanne），表示自己才逃離了一段暴力的婚姻關係。兩位女性都在眼前這位富有魅力的年輕女子身上看見了希望，殊不知對方依然還在摸索感情的二三事，想找出最佳應對策略。此外，琪黛拉雖然再三強調與男人建立交易性關係有何好處，但老實說，她不只對男人抱持這種態度，連對場內女性觀眾亦是如此。

全新型態的網路經濟將任何關係都視為變現機會，琪黛拉在社群耍的各種噱頭，完全體現出這種有利可圖就緊咬不放的心態。她時不時在 IG 貼出 PayPal 帳戶資訊，慫恿白人粉絲打賞，作為她們享有特權的補償，絲毫不在乎說不定自己才是更有錢的那一方。琪黛拉發的 IG 限動如果屬實，就代表不少年輕白人女性已經捐了數千英鎊給她，每個人都表示佛羅倫絲沒有「賠償」她，讓她們心生罪惡。作家傑森．歐昆達伊（Jason Okundaye）完全捕捉到了這起無中生有插曲的精髓：「貧民窟之花心知肚明自己根本不會收到佛羅倫絲的『補償』，以剽竊之名打官司也一定會敗訴，所以這樣大張旗鼓作秀，其實只是要巧妙誘騙粉絲捐更多錢給她、買她的作品，諸如此類——整起事件的重點完全與佛羅倫絲無關。」

如今，新型態的獎勵機制與賺錢機會形塑著每個人的網路行為，不只改變了人與人之間的互動方式，也改變了個人與現實之間的關係。同樣鼓吹女權的人開始要琪黛拉針對她提出的建議加以說明，更質疑她何以有資格如此指點他人，琪黛拉回應說，自己並不想成為人人效仿的對象。「我沒有企圖要成為誰的『英雄』、榜樣或什麼完美女性主義者，我很滿足於現況，」她如此發推表示。就一個大力推銷自己是感情大師，還請多位女性分享自己授予她們祕訣的人來說，這番言論看起來極其虛偽。

鏡頭再次回到哈克尼：直播節目結束後，全場群起為琪黛拉鼓掌喝采。她的精湛演出博得滿堂彩，連經驗豐富的脫口秀喜劇演員也難以企及。她不只從頭到尾攫住觀眾的目光，逗樂在場所有人，還神奇地讓她們比在觀眾席就坐時要更愛她。直播期間，曾有一度，那些年輕女性觀眾是真的衝上台，迫不及待要與她同席而坐。然而，琪黛拉可是將自身各種毫不相干的元素——奈及利亞伊博族創業精神、性別保守主義、專業自戀行為、消費主義、超個人主義——東拼西湊，再包裝成女權主義推銷出去，卻意外大獲成功，才有了今天的盛況。她打造出來的這個品牌是一路邊走邊建構而成，仍然是現在進行式，如同多數年輕人也是努力一面尋找在世上的定位，一面摸索自己深信的理念。而琪黛拉與一般人的差別在於，她冒充專業人士，假裝具備專業能力，完全體現出社群經濟帶來名實不符的空虛。

觀眾席清空後，為了見琪黛拉本人一面，大家開始排隊，隊伍一路排到樓梯間。我也加入她們的行列，排在倒數第二位，一手抓著準備請她簽名的那本處女作。她不論在台上還台下都一樣笑臉迎人、充滿魅力。打開我帶來的那本書後，她寫下：「保持笑容！愛你的貧民窟之花X」。[137]

推文串：造假大集合

推特自創立以來，確實間接促進不少社會善因，形成社運背後的一大助力，但平台本身的運作方式代表只要一不小心，便會有人動歪腦筋，從中牟利。二〇一八年，一名自稱艾許莉（Ashley）的女性仿效貧民窟之花，一口氣發了三十則推文。她這個推文串的目的，看似是要訴諸並賦權女性：「妳有沒有看過女生否認自己身陷在有毒關係裡？甚至讓妳看不下去，想用力抓著她的臉，當面告訴她，只要她恢復理智，脫離這段關係，人生會有多美好？當妳自己經歷過這一切，再碰上這

137　譯註：信末寫上x代表kiss（親吻）。

種鳥事發生在別人身上，卻只能在一旁乾著急、束手無策，簡直糟糕透頂……」

接下來，艾許莉不只發推坦白說出親身經歷，提到自己曾被總是情緒勒索的男友逼迫威脅，也上傳各種照片和影片，證明這段關係在她身上造成的可見影響，讓她體重直線上升。從這裡開始，她談論的不再是有毒關係，而是減重課程，銜接得簡直天衣無縫。這個推文串曝光次數高達上千萬，轉推次數超過八萬三千，愛心數則有三十萬以上，後兩者全是由同仇敵愾譴責虐待行為並支持女性賦權的人所貢獻。沒想到，這一切被證實全是騙局：推文串中的照片是盜用自某位視訊女郎，影片來源則是某個 YT 頻道主。而推文串的最後一則附上了連結，點進去會看到減肥營養品 Therma Trim。[138] 這場騙局便是打著受虐與賦權的幌子，企圖引起眾人同情，獲得大量轉發，趁機撈一把。

類似這樣假宣傳真詐財的推文串與社運人士社群帳號，在推特上猖獗盛行，防不勝防。舉例來說，社運人士帳號 @feminist（@ 女性主義者）擁有超過六百五十萬的驚人追蹤數，專發反性別歧視的推文，結果被爆料是由兩位男性名下的私人公司所經營，掀起一片嘩然。這家廣告代理商「散播創意」（Contagious Creative）背後的千禧世代推手是雅各．卡斯塔迪（Jacob Castaldi）和坦納．斯瓦澤（Tanner Sweitzer），公司「負責打造並管理網絡總計超過一千萬追蹤者的各個 IG 社群」[139]，業務內容包含經營 @feminist、@itsfeminism（就是要女性主義）、@march（向前行）等帳號。數位創作者山姆．賽德拉克（Sam Sedlack）曾指控這些女權梗圖社群平台，使他們的男性主權黯然失色、未受重視，更竊取社運人士的成果。[140]正如他所指出，散播創意的推特帳號也和其他聚合專頁一樣，並未自行創作內容，只會轉貼他人推文，例如從追蹤數更少的女性網紅和插畫家帳號中，盜用對方的心血結晶。男人想靠假冒女人來爆紅，類似實例不勝枚舉，這只不過是冰山一角。

來看看追蹤數超過十七萬的推特帳號 @emoblackthot（感性黑放蕩女）吧。她在黑人女網紅間可說是大紅人，也主攻黑人女性客群，大肆宣傳自我照顧與身體自愛的重要性。在日益壯大的酷兒黑人女性社群裡，幾乎人人都認得她的推特。她會發推談到每次月經來都痛不欲生，也會在生活拮据時，貼出 Cash App 帳戶資訊，請追蹤者給予經濟支持。她在網路迅速竄紅，引發眾議，不少人都開始猜測經營帳號的人是何方神聖，有些黑人女性甚至推測這是音樂天后蕾哈娜的祕密帳號。最終，@emoblackthot 選擇在音樂雜誌《PAPER》揭開眾人引頸期盼的神祕面紗：在這個女性人設背後運籌帷幄的人，是年僅二十三歲的非裔美國男子以賽亞．希克蘭（Isaiah Hickland）。整個黑人推特無不對此感到震驚。

如果說將 @emoblackthot 背後的藏鏡人公諸於世，在黑人推特一隅掀起了陣陣漣漪，那對整個

---

138 https://www.vox.com/2018/9/26/17900890/twitter-instagram-scam-viral

139 https://www.linkedin.com/in/jacob-castaldi-917608100/

140 https://samsedlackcreative.com/about/

黑人推特社群影響最為深刻的史上最大騙局，就是由非裔演員傑西．史莫里特（Jussie Smollett）所投下的震撼彈了。這位電視影星當時正著手重塑自身形象，想成為引人注目的民權運動人士，三不五時就宣傳「黑人的命也是命」，以增添名氣。二〇一九年一月，史莫里特公開表示自己遭到兩名戴著「讓美國再次偉大」帽子的川普支持者攻擊，兩人企圖對他動用私刑。演員的瘀青照在推特流傳開來，主題標籤#Justice4Jussie（#為傑西伸張正義）開始蔚為風潮。時任美國總統川普的各種不當言論導致全國一分為二，民眾開始選邊站，這場攻擊似乎便證明了日益激烈的種族仇恨會帶來什麼悲劇後果。民主黨大佬與各界名人紛紛挺身而出，聲援史莫里特，而事件主角在攻擊發生後，首次公開露面時發表了絕不屈服的聲明，還把自己的遭遇與饒舌歌手吐派克相提並論。

然而，警方對史莫里特證詞的準確性存有疑慮，一個月後，這名演員以謊報遭到起訴，因為有對兄弟主張他們收錢辦事，協助史莫里特演這齣騙局。[141]真相爆發後，這下網友都在想，他是不是企圖利用受害者都會爆紅，更進一步聲名大噪，才決定自導自演——史莫里特是否真的為了吸引眾人目光，而假裝遭到私刑？只要流量牽涉其中，什麼現象都有，什麼都不奇怪。真正有待伸張的不公不義數也數不清，但社群媒體所用的主題標籤基本上與變現標籤別無二致，從各方面來看，只會變相助長詐欺行為，導致使用者為了撈油水，通通決定搖身一變成為社運人士。

我最初註冊推特時，只是個懵懂無知的年輕人，懷抱著理想，積極參與學生運動。平常使用這個應用程式的方式，也跟其他人沒兩樣：轉推內容令我義憤填膺的文章、發推支持我在乎的議題、有人喜歡我的看法便覺得受到認可。我也會轉貼自己深表同感的推文、與人激烈爭論自己無法表示贊同的看法，但多數與我發推互動的人在運用這個社群平台時，都心懷善意、誠心以對。如今，滿腦子只想著如何牟利的心存惡意想法，似乎改變了推特文化，也助長了詐欺行為，尤其是為了流量不擇手段的社運人士、政客，甚至是記者。而這種現象已經將魔爪伸向公共議論，使得無論是在網路上還是現實中的對話討論都不再純粹，反倒充滿疑慮。

推特已經成為歷史寫下草稿的場域，也是奠定公民建制論述基礎之處。然而，如同報紙會為了迎合消費者的偏頗立場，據此剪裁真相，報導符合大眾口味的新聞，平民老百姓也不例外，順應網路風向，公開展現憤慨之情，才得以奠定自己身為網紅的地位。再加上推特打算引進可讓用戶收取小費，利用推文變現的功能，種種公開作秀求關注的行為，只會日益加劇。推特越是加強緊抓公眾生活不放的力道，公眾生活便會有越多面向陷入詐欺的泥沼之中，而在這個過程，最大的贏家往往不是別人，正是該平台的股東——其餘的人只能淪為輸家。

---

141 https://apnews.com/article/2d0e128733c99e78a81b962544dbf5f0

結語

今時今日，你我皆網紅

一九六八年，普普藝術大師安迪．沃荷（Andy Warhol）寫下舉世聞名的一句話：「未來每個人都有機會能成名十五分鐘。」這句名言或許現在聽起來陳腔濫調，但安迪．沃荷恐怕沒預料到的是，對未來數億人口而言，「短暫吸睛」竟然會成為一種生活之道。諸如IG和抖音等社群平台，打破了一般人以往對藍領階級的想像，讓他們不必再一輩子向人鞠躬哈腰，同時還催生出全新的社會階級：名人。

過去，明星光環真正能永久不褪的名流圈，是僅有魅力十足的少數人士才能踏足的領域；如今，根據英國廣告標準局（Advertising Standards Authority）的定義，只要線上社群追蹤數超過三萬，便能躋身「名人」之列。[142] 而IG甚至只要追蹤數達一萬，即可解鎖特權帳號的功能。IG目前使用人數超過十億，已經不少人把帳號升級成專為網紅量身打造的專業／商業帳號，絕大部分追蹤數都介於一萬到一百萬之間，切換帳號後便能使用特殊功能，像是查看洞察報告的分析數據。[143]就連我也擁有一個專業帳號，是專為我的讀書俱樂部所創建。若說名人曾是罕見身分，如過眼雲煙般倏忽即逝，上述以數字作為指標的定義，彰顯出所謂的名人如今平凡無奇，司空見慣——現在，誰都可以成名遠超過十五分鐘。

這種成名保證，可說是正好與傳統上班族概念的終結不謀而合。一九八〇、九〇年代出生於勞工與中低階級家庭的千禧世代及Z世代，今日都已長大成人，觀念也隨著時代變遷而有所改變。我們的父母往往認分接受自己在英國社經階級中的既有地位，反觀我們這一代現在卻深信自己有本事立於萬人之上。

社群媒體在縮小人與人之間距離的過程中，不由得也令人懷抱起希望，認為各種成名致富的可能性亦隨之增加。每當我們在社群追蹤名利雙收的人士，就等於是受邀與他們同席而坐，體驗何謂上流生活。實時看到這百分之一的富豪是如何享盡奢華，大家更相信自己也有機會加入他們的行

---

142 https://www.asa.org.uk/news/how-many-followers-makes-a-celebrity-medicines-and-influencer-marketing.html
143 https://www.statista.com/statistics/951875/instagram-accounts-by-audience-size-share/

列，也就不足為奇了。不過，在我為了撰寫本書而訪問的人當中，許多踏上這條虛幻的成名之路後，非但沒有一帆風順，反而誤入歧途，掉進老鼠會與迅速致富的陷阱。要用這些人就是過於天真的結論一筆帶過確實很輕鬆，但回頭來看我們多數人都選擇了更符合傳統的道路，最後也依然在激烈競爭中敗下陣來。

照理說，大學教育應促成社會流動，使人脫離既有社會階級，不過由於大學畢業生人數日益增多，對就業市場來說供過於求，讓社群媒體有了趁虛而入的機會。為了從眾多求職者脫穎而出，大環境的整體氛圍促使畢業生利用社群闖出名聲，或是針對特定職業建立專業認同。比方說，拚了命想在新聞業謀得一職的人，受這種不得不獨樹一格的壓力所驅，紛紛到推特或新興語音社群平台Clubhouse 建立起誇大不實的社群分身；企圖打入商業界的話，利用領英來找工作已成為不二法門，只要精心營造認真負責且態度嚴謹的專業形象，偶爾低調自誇一下，再夾雜一點商業俗諺，便有機會獲得雇用。

在領英上，那些稱霸新創領域的人便是最受歡迎的網紅，他們設立的平台都是人人擠破頭想進去的熱門公司，原因不難想像，無非就是希望之後將股權兌現，鹹魚翻身，成為富豪。過去十年來，新創產業蓬勃發展，投資人紛紛尋找看起來大有可為的千禧世代挹注資金，而後者為了吸引投資人，首先要做的就是在社群精心塑造像樣人設。不論是想直接利用社群賺錢，還是透過社群吸引投資，網紅文化與創新文化之間的界線日益模糊，早已難以分辨，其中一例就是正迅速崛起的新興階級：粉絲群龐大的創業家兼名流。然而，儘管我們這一世代對外展現無比自信，但社群媒體背後的全球市場經濟其實卻受到操弄，成為詐騙橫行的溫床。整個新世代早已學到教訓：既然無法打敗體制，那就只能想盡辦法加入。藍領社區出身的我和朋友也毫無例外，全都力爭上游，想創造屬於自己的財富，甚至有位友人表示，要等他受邀前往達沃斯（Davos），攀上那一%的頂峰，他才會真正感到心滿意足。

五十多年來，世界經濟論壇（World Economic Forum）一向都在達沃斯舉辦一年一度的盛會，來賓名單不乏總統、主教、流行歌手、億萬富翁，簡單來說，由於採邀請制，與會人士若非身價驚人，就是有權有勢。每年，各國元首和登上全球富豪榜的一群人（往往都是男性），紛紛聚集至瑞士滑雪度假勝地，召開只有享盡特權之人才能參與的會議。二〇一二年，歷經金融海嘯數年後，儘管與會來賓不是有錢人、超級富豪，就是身價難以估量，年度盛會的氣氛卻不像以往充滿歡欣雀躍，反而籠罩在恐懼之中。才不過短短三年前，因為銀行發放抵押貸款給根本還不了錢的一般民眾，導致金融體系處於隨時可能會崩潰的邊緣，再加上各家銀行把這些貸款重新包裝成金融商品，彼此互相交易，卻無人發現它們絕大多數都毫無價值，等到市場真正反映出現況，才發現大難臨頭。

有鑑於一九三〇年代早期的經濟大蕭條，各國政府深怕這次若放任不管，慘況會遠勝當年，因此宣布銀行大到不能倒，政府必須插手介入，金援紓困。美國為了拯救即將破產的多間銀行，決定撥款天文數字的七千億美元（約台幣二十一兆元）[144]；英國政府則耗費超過一千三百七十億英鎊（約台幣五．二兆元）[145]。其後，兩國政府還分別追加三兆美元（約台幣九十兆元）[146]和三千七百五十億英鎊（約台幣十四兆元）[147]，從那些達沃斯菁英人士旗下岌岌可危的公司手中，買下資產與債券。資本主義當時幾乎是處於生死交關的非常時期，若不是納稅人，恐怕難逃一劫，但死裡逃生並不代表大眾對金融體系的信心也隨之恢復，特別是當這場金融危機逐漸演變成政治風暴。冰島人民群起抗議，最終導致政府垮台，希臘青年人口失業率則飆升至六十％[148]——這些都還只是後續一連串反動的開端。

二〇一一年九月十七日，由於強烈不滿美國政府大力保護金字塔頂端那些富豪的利益，大批學生、剛開始參與政治的年輕人、資深左派全蜂擁至曼哈頓金融區，以表達滿腔怒火。這一千名抗議群眾將大本營設置在祖科蒂公園（Zuccotti Park）附近，盤據在此長達數個月，示威規模也逐漸擴展成一場影響力強大的新運動。

「占領華爾街」（Occupy Wall Street）的緣起，可說是千禧世代發現自己正陷入經濟衰退的惶恐之中，對此心生不滿，憤而決定採取行動。專業產業提供的入門級工作機會大幅縮減，不平等待遇也只增不減，養兒防老的世代契約（generational contract）眼看只剩違約一途——因為千禧世代已經踏上註定不如父母輩的道路。我自己也是在經濟衰退依然餘波盪漾的時候，才從大學畢業。英國當時換保守黨上台，率領新政府，一心一意要大砍公共支出，即便實施撙節措施後，經濟有了起色，但在我那些出生於一九八〇年代晚期到一九九〇年代早期的同儕看來，經濟衰退從未真正劃下句點。優質專業人員的職缺似乎少之又少，就算真的找得到，實際薪資依舊偏低。據英國財政研究所（Institute for Fiscal Studies）的報告指出，以同樣是年紀三十出頭的財富中位數來看，一九八〇年代晚期出生的人比一九七〇年代出生的人低了二十%。[149][150]再加上受到金融危機波及，住在英國各大城市的千禧世代幾乎都落到無家可歸的下場。

---

144 https://www.cbo.gov/sites/default/files/cbofiles/attachments/44256_TARP.pdf

145 https://fullfact.org/economy/1-trillion-not-spent-bailing-out-banks/

146 https://www.bbc.co.uk/news/business-29227597

147 https://www.bankofengland.co.uk/monetary-policy/quantitative-easing

148 https://www.reuters.com/article/us-greece-unemployment-idUSBRE9480EZ20130509

149 https://www.ifs.org.uk/publications/14508

150 https://www.ifs.org.uk/publications/8593; https://www.ifs.org.uk/publications/14949

二〇〇八年以前的三十多年來，英國利率一直都徘徊在三%到十五%之間[151]，這對定存族是好消息，對貸款族則是壞消息。經歷金融海嘯後，全球各地的銀行為了刺激消費，紛紛下砍利率，降至史上新低——此後也並無任何變動，依然維持至今。持續的低利率帶來了龐大資產泡沫。與一九九〇年相比，英國房價已經暴漲了三百五十%[152]，意味著上百萬千禧世代除非家財萬貫或有父母金援，否則無法成為有房族，還不得不繳大漲的房租給屬於前一兩個世代的房東。無怪乎各地不少年輕人都在重新思考，自己究竟是否還想繼續生活在受資本主義操控的體制內，但諷刺的是，目前利用社群平台使眾人無一不淪陷的網紅文化，正是這種體制延伸的結果。在網紅的世界裡，不論是社交生活還是社交關係，每一面向皆能當作潛在的收益來源。

最令人心驚膽顫的是，儘管千禧世代屢屢支持對當前經濟狀況表示不滿的政黨與候選人，例如前英國工黨黨魁傑瑞米·柯賓（Jeremy Corbyn）以及美國無黨籍議員伯尼·桑德斯（Bernie Sanders），一般普遍仍默認自私自利與欺詐行為，是資本主義體系無可避免必定會出現的產物。這種心態所造成的最糟影響，便是有權有勢之人即便貪汙詐騙，也不必付出代價、承受後果。倘若川普成功入主白宮，還不足以證明美國民眾對他過往各種離譜行徑睜一隻眼閉一隻眼，那英國人民對目前執政黨層出不窮貪腐醜聞的反應，便能當作鐵證。在致命疫情延燒期間，英國多位大臣遭人爆料官商勾結，讓親朋好友取得與新冠肺炎相關的價值數百萬英鎊合約，甚至有些人還挪用公款為私人所用，老百姓得知後，只是聳了聳肩，漠不關心。這背後其實隱含了沒人敢說出口的恐懼：我們的生活已經被切割得過於瑣碎，除了推文外，要集體動員眾人恐怕是難上加難，也因此大家越來越覺得每個人都孤立無援，一切都得靠自己。當初金融風暴引發了銀行危機，隱約透露出來的也是相同的道理。

那時候，我和同輩正要從大學畢業，卻面臨不知該拿我們怎麼辦，也不再保證一定有錢賺的就業市場，而我們這群社會新鮮人要的只不過是一份有意義的工作，可以提升自己的社會地位，並帶來優渥薪資。這項求職挑戰有多困難重重，可想而知。當經濟愈形複雜，不具任何實質意義的工作愈容易換取獎賞：利用下午時間去賭美元的價格究竟會漲會跌，目的何在？快時尚企業只肯付低薪給血汗工廠，替自己製造不良品成衣，那為這些服飾代言還有意義嗎？對擁有無窮野心但選擇受限的年輕千禧世代來說，上述只不過是眾多他們照理應抱有憧憬的產業之二。

然而過去十年來，勞動市場不見好轉，反而更兩極化。零工經濟下的不穩定低薪工作持續成長，

---

151 https://www.bankofengland.co.uk/boeapps/database/Bank-Rate.asp

152 https://landregistry.data.gov.uk/app/ukhpi/browse?from=1990-01-01&location=http%3A%2F%2Flandregistry.data.gov.uk%2Fid%2Fregion%2Funited-kingdom&to=2023-01-01&lang=en

例如優步司機，反觀高薪穩定的工作對專業的要求更進一步提高，也因此難以覓得。以往，勤奮卻不怎麼天賦異稟的畢業生都預期能按照傳統方式，應徵到適合的入門級專業工作；如今，全新求職管道卻是由領英個人檔案、在業餘比賽獲獎、無法輕易打入的人脈圈、千禧世代的權勢榜所構成，使得這些畢業生不再腳踏實地辛苦找工作，反而改用輕鬆投機的手段追夢。不論是千禧世代的年輕黑人，還是年輕女性、年輕社運人士、年輕創業家，隨處都能找到一長串白手起家的故事與可效仿的對象。媒體對年紀輕輕就闖出一番名堂的故事，可說是永遠不嫌多，也代表所謂的奇才早已是新常態，不再見怪不怪。看到電視實境秀與商業網紅竄起，加上隨時處於地位焦慮之中，越來越多年輕人開始認為自己也應該享有同等財富，因為若是沒錢，就代表失敗。然而，年輕有為的老掉牙故事雖然多如牛毛，多數千禧世代的百萬富翁依然都是例外中的例外。

看看「三十位三十歲以下菁英」（30 Under 30）新出爐的榜單就知道了，上榜的人不乏平凡無奇的年輕人，名氣不過是吹捧出來的結果。許多都掛著公司老闆的頭銜，旗下卻沒有半個員工，不然就是從未對政策產生實質影響的假社運人士——無論是誰都感到有一股壓力，必須向眾人展現自己具有真材實料。當大環境的氛圍鼓勵每個人都誇大其實，冒名頂替症候群（imposter syndrome）會如此流行，也就不足為奇了吧？我就有一位大學朋友成功申請到《富比士》的「最具影響力千禧世代」名單，結果他入圍後，同樣和他出身於東倫敦貧困社區的朋友紛紛傳訊息討錢，完全不曉得年屆三十歲的他，其實還住在父母家。如今，這種崇尚驚人成就的文化，鼓勵上百萬人刻意精心打造出有別於同儕的個人品牌，開始為年輕人與青少年帶來一股無形壓力，以為自己得儘早成名才行，尤其對男性來說，這代表要賺取大筆物質財富。置身一切只靠輸贏來區分人的時代，成為輸家就等於是和道德失敗劃上等號，但隨著越來越多人選擇在社群媒體尋求自我價值與謀生之道，那些協助販售眾人注意力的平台，其實才是真正因此受惠的最大贏家。

贏家？輸家？你是哪一種？

為了撰寫本書，我訪問了不少人，如果要統計這之中究竟有誰是靠串流與自拍謀生，那就有EBZ，收錢讓人種族霸凌；還有潔希，曾經與另類右派酸民從電腦另一端操控的機器人做愛；以及雪瑞絲，無時無刻都覺得有壓力必須要全身整型，才能看起來像套了IG濾鏡——他們確實都因此吸引了不少會打賞的追蹤者，但我還是難以認為他們有誰是真正的贏家。勞工曾經受「辛苦工作一天，就領辛苦一天的報酬」之訴求號召，團結起來爭取應有權益，然而放到時下的網紅經濟，這句話代表的意義則有待商榷。公平薪酬的定義究竟為何？尤其是當對方付的錢，意味著自己要不顧尊嚴，遭受非人對待，並以欺瞞手段吸引眾人目光，才能加以變現呢？令人遺憾的是，在絕大多數的

情況下，要獲得關注，就代表必須迎合一般人在網路所能展現出來的最惡劣一面——或者更精確的說，是人類赤裸裸的劣根性

即便暫且不考慮任何道德層面的問題，只看存款多寡來統計眼球經濟下的贏家，仍然有個大到不容忽視的問題。不論是 YT 頻道主、IG 主，還是抖音創作者，全受制於社群平台的規定、支付模式、演算法，既然平台老闆另有他人，規則怎麼改，他們都無可奈何，畢竟唯有仰賴這些社群，才能混口飯吃。他們也無權決定社群互動率的計算方式，或是搜尋引擎演算法的規則，讓人隨便一搜，立刻便能輕鬆找到自己的專頁。往往是等到各大平台擅自更改各項功能與設定後，這些人才發現自己陷入不利境地。舉例來說，近年來 YT 每次一改演算法——無論是修改平台想推薦的影片平均長度，或是透過審查軟體，讓熱門創作者的影片賺不了錢——創作者的收入也會隨之改變。而通常最受影響的就是那群上傳並販售色情內容的人。

臉書旗下的 IG 似乎很樂意利用無人不愛的色情內容，來提高用戶數，其演算法也時不時用盡各種手段，大肆宣傳出賣肉體的 IG 主，但也有例外：明明對 IG 貢獻良多，卻轉頭就被衝康的也大有人在。比如說 IG 模特開了 OF 帳號後，IG 帳號就可能會被砍，不得不再次從零開始。網紅如果不隨時關注各大社群平台最能吸引眾人眼球的方式，代價極有可能便是收益暴跌。創作者其實相當不堪一擊，個個也都心知肚明，在贏得網友的注意力和被他們徹底放逐之間，只有一線之隔。但說

來說去，唯一真正的贏家終究是那些位於美國西岸的科技巨頭。

加州歷來都是懷有雄心壯志與創業精神的人趨之若鶩的地方，甚至遠早在成為美利堅合眾國一部分前便是如此。州名「加利福尼亞」的由來，是早期西班牙殖民者以小說《艾斯普蘭狄恩冒險記》（The Adventures of Esplandián）裡的虛構天堂，替這塊當時喪命無數的谷地命名。一八五〇年代早期，由於在此發現黃金，據估計，那時非當地出生的人口從八千短時間內飆升至二十五萬五千。不到一世紀，加州人口就已經快突破七百萬大關，半數都居住在舊金山和附近的灣區（Bay Area）。

光是舊金山這座巨型都市，再加上洛杉磯，幾乎便足以定義所謂的現代加州品牌。當世上多數人都認為自己出生與死亡時的社會地位不會產生變化，唯獨加州看起來永遠與眾不同，遍地都是成名致富的機會。今時今日，它已經成了注意力產業如假包換的發祥地，大家也都說只要你肯在那裡行騙當追夢，便能鹹魚翻身盆滿缽滿。徒有亮麗外表卻腦袋空空的人紛紛南下前往洛杉磯；腦筋動得快的年輕人則向北遷移至灣區，來到舊金山那塊位於帕羅奧圖（Palo Alto）、森尼維爾（Sunnyvale）、聖荷西（San José）之間，人稱矽谷的夢想之地，打造出各種社群平台，供住在洛杉磯那些年輕尤物散播自己的性感照。洛杉磯與舊金山一度因意識形態上的對立，爭鋒相對，現在卻各自代表全球網紅經濟的兩大面向。

我首次造訪舊金山時，看到一座兼具往昔風貌與未來風格的城市。當時，我大半時候都在一位倫敦友人的家留宿，他之所以搬到那裡，是夢想有天要開公司，並得到上看十億的市場估值，也就是所謂的獨角獸企業。他深信要獲得資金，就一定要到加州，更何況他本人還握有一手好牌：年紀尚輕，畢業於聲望卓越的倫敦經濟學院（London School of Economics），曾在享譽全球的管理顧問公司「麥肯錫」（McKinsey）擔任分析師。簡言之，他的背景就是投資人會有好感也很信賴的類型。錦上添花的是，他還申請了Y Combinator[153]：這間位於舊金山的頂尖新創孵化器，讓來自全球菁英學校的畢業生有機會與一票有錢投資人搭上線。

我拜訪他的期間，兩人租了一台具有部分自駕功能的白色特斯拉（Tesla）電動車，開到蘋果、谷歌、臉書總部所在的企業城四處瞧瞧，這些公司就是瓦解了利用傳統媒體操控資訊的手段，並主宰眼球經濟的幕後推手。現今的數位世界絕大多數都是誕生自帕羅奧圖，懷抱雄心壯志與居中牽線的人都在這座城鎮來來去去，此處雖然帶有財富的味道，卻顯得不起眼。我們行經大學大道（University Avenue），這條大街上林立著咖啡店、壽司吧、時髦餐館，一路通向史丹佛大學（Stanford University）占地廣大的校園。我朋友曾幻想過在這裡巧遇彼得・提爾（Peter Thiel），這位知名投資人信奉自由主義，著名事蹟便是初期投資了臉書五十萬美元（約台幣一千五百萬元），最後十億美元（約台幣三百億元）輕鬆入袋。[154]

不過除了史丹佛大學外，帕羅奧圖與灣區其實沒什麼看點，沒有能稱之為中心地的所在。你確實有可能在前往星巴克的途中，偶然遇到億萬富翁，但少了一張來賓通行證，多數能獲得資金的管道可是條條封閉，根本不開放。我朋友則是多虧有申請到 Y Combinator，才不至於被拒之門外。但即使有 Y Combinator 鼎力相助，上課才過沒幾週，他就開始察覺，他的同儕之所以被選上，靠的並非過人的聰明才智，而是能展現十足自信，運用三寸不爛之舌強力推銷。「他們每個人隨時都能說得比其他人還來得天花亂墜，」他對我表示。而他最後得出的結論是，他們全都只是在兜售未來，但實際上，沒有半個人曉得前景真正的模樣——唯一要做的，就是比誰都深信自己勾勒出來的那幅願景。

我們駛入史丹佛大學校園，在有如迷宮城鎮般的道路上左彎右拐，駛過如今聲名狼藉的佩吉米爾路（Page Mill Road）一七〇一號。這棟建築曾是生技新創公司 Theranos 的總部，創辦人伊莉莎白．霍姆斯（Elizabeth Holmes）為了開公司，自史丹佛大學中輟，當時年僅十九歲。她向投資人表示，

---

153 以投資種子階段新創公司為業務的創投公司。與其他創投公司的不同之處為，Y Combinator 更像是新創公司的「孵化器」，不僅會提供新創公司的種子基金、也會給予創業建議以及舉行「課程」增強新創公司的創業能力。Y Combinator 會收取新創公司總資產淨值的六%作為回報。

154 https://www.cnbc.com/2017/11/22/peter-thiel-sells-majority-of-facebook-shares-but-2012-was-bigger.html

自家公司只要採檢少量的血，即可驗出更多結果，徹底顛覆傳統的血液檢測。靠著這套說詞，霍姆斯設法籌措到數億美元的資金。她也保證只要在指尖戳一下，採集幾滴血，便能立刻檢測分析，這全要歸功於她的發明——血液檢測儀器「愛迪生」（Edison）。

霍姆斯利用社群與主流媒體，將自己塑造成矽谷傳奇賈伯斯的天才後繼者，甚至模仿這位定居在帕羅奧圖的已故蘋果創辦人，穿上他註冊商標的黑領毛衣。在Theranos如日中天之際，估值高達九十億美元（約台幣兩千七百億元）。不過唯一的問題是，霍姆斯口中推銷的那套技術根本還不存在，公司真正擁有的技術也實現不了她吹的牛皮。她成功把憑空捏造的發明推銷出去，這段故事在約翰·凱瑞魯（John Carreyrou）的著作《惡血》（Bad Blood）裡可以看到詳實精彩的過程，也被拍成熱門Netflix紀錄片。二〇一八年，霍姆斯遭聯邦大陪審團裁定有罪，九項詐欺罪名成立。[155]

我在二〇一九年七月造訪灣區時，依然能感受到她那場騙局所造成的震撼衝擊，但即便這起醜聞理應促使矽谷改變行事作風，我卻絲毫未覺。我朋友如果打算在那裡成立新創公司，勢必得從霍姆斯的事件中記起教訓，而要說她唯一犯了什麼錯，就是期望管理（expectation management）。想要創業投資的話，大力推銷虛構之事無可避免：「在所謂的詐騙和真正為醫療產業帶來革新之間，確實存在著灰色地帶，但兩者間的界線遠比你想像的還要模糊，」我朋友這麼說。假如你必須遠在實際打造出自己的構想前，就推銷這個不存在事物，要如何裝到弄假成真？這套邏輯是根植於自欺欺人的樂觀主義，因為倘若失敗，也只要希望誰都沒看到，便能繼續裝下去。

比利．麥克法蘭（Billy McFarland）的 Fyre 音樂節（Fyre Festival）騙局正是在數百萬人面前上演，卻無人察覺。麥克法蘭畢業於 Y Combinator 的東岸競爭對手 Dreamit，這間加速器會為前景看好的新創公司提供投資人脈及辦公空間。他當初是憑藉一項社群媒體新創計畫，成功申請入學，其構想是讓使用者可以分享音樂和影片，並根據共同興趣，建立起不同的朋友圈。不過谷歌後來推出了自家版本的社群網站 Google+，雖然註定失敗，麥克法蘭上述提到的功能卻一應俱全，他只好另尋新天地。最後，他的成果便是創辦現在臭名昭著的 Fyre 音樂節，這項計畫將導致他因詐欺罪名被判處六年徒刑。[156]

當時二十五歲的麥克法蘭不光是不夠格辦規模如此龐大的活動，準備工作也做得七零八落，於是只能同時對投資人與消費者撒下彌天大謊，好讓音樂節能成真。沒想到，他竟然成功騙過所有人，甚至被譽為有如共享辦公室 WeWork 創辦人亞當．諾伊曼（Adam Neumann）般的創業天才，不過這兩人其實是難兄難弟，因為諾伊曼最終也被證實根本是謊話連篇。WeWork 的成立是為了把一流辦

---

155 https://www.justice.gov/usao-ndca/us-v-elizabeth-holmes-et-al

156 https://www.bloomberg.com/news/articles/2017-08-30/how-a-black-card-wannabe-went-down-in-flames

公空間出租給新創公司和法人團體，卻對外宣稱是一家將引入新典範的科技公司，投資人也不疑有他，為這間「科技公司」挹注大筆資金，估值於是水漲船高，膨脹到四百七十億美元（約台幣一・四兆元），但公司卻從未淨賺半毛錢。新創資料庫平台 Crunchbase 在其科技新聞專頁上[157]，完全展現了先見之明：「投資人在評估 WeWork 時，比起房地產公司，更把它視為軟體公司，至於華爾街最終會如何定奪，將有好戲可看。」

不過在二〇一九年，WeWork 開始準備上市之際，諾伊曼企圖將契約如今明載的數十億變現挪用，才揭露出這家公司內部在管理不當與欺詐行為方面的規模之大。諾伊曼根本是把公司當私人提款機，藉此中飽私囊，經營期間還做出不少令人滿腹疑問的反覆無常決策，例如他將公司名稱中的「We」註冊為商標，再回頭以六百萬美元（約台幣一・八億元）的價格租給公司，甚至買下當時公司租賃的多棟建築[158]——換句話說，他光是當自家公司的房東，便賺上數百萬美元了。[159]此外，WeWork 遠遠沒達成營收目標，差了將近十億美元（約台幣三百億元）。公司營運所費不貲，也因為不斷賠錢，非常仰賴投資人挹注資金，整體看來有如龐氏騙局，卻少了本該有的那條輕鬆獲利管道。WeWork 已經成為創投公司躺著發大財的象徵：外表迷人且魅力十足的菁英裝成身價億萬的投資人，有能耐到處兜售昂貴樂透彩券，卻不保證頭獎真的實際存在，可供買家兌獎。

而與諾伊曼一樣，歐賓萬・歐克凱（Obinwanne Okeke）也曾榮登《富比士》雜誌封面，原因是他入選了二〇一六年非洲的「三十位三十歲以下傑出青年」。在眾多嶄露頭角的奈及利亞千禧世代中，歐克凱也格外顯眼。奈及利亞由於福利制度並不完善，看準商機的創業家可說是無所不在。問題在於，奈及利亞商業界受到各種操弄的情況，甚至比美國還來得嚴重。一個人事業成功可能靠的是家族關係，也可能是換來換去老是同一批的贊助商。但就是在這樣數一數二難以闖出一片天的地方，歐克凱精心塑造出極具影響力的網紅形象，似乎成功達成了幾近不可能的任務。BBC負責非洲新聞與時事的記者維若妮卡·愛德華斯（Veronique Edwards）介紹他時，稱歐克凱是「激勵人心的創業家」[160]，並將他的故事宣傳到全世界。

在網羅奈及利亞全國大咖的部落格圈裡，歐克凱早已占有一席之地，也頗負盛名，連他的求婚過程都登上非洲知名生活風格網BellaNaija，獲得大篇幅報導。歐克凱的專業是負責遊說全球投資人，

---

157 譯註：https://news.crunchbase.com/public/wework-files-its-s-1-we-dive-into-the-numbers-and-pose-some-questions/

158 https://www.businessinsider.com/how-wework-paid-adam-neumann-59-million-to-use-the-name-we-2019-8?inline-read-more&r=US&IR=T

159 https://www.bloomberg.com/opinion/articles/2019-01-16/wework-ceo-adam-neumann-is-also-a-landlord

160 譯註：https://www.facebook.com/watch/live/?ref=watch_permalink&v=10156723400570229

給予他母國的創業家援助，他還曾寫下這段話：「奈及利亞國內不乏人才，也個個深具潛力，足以吸引相當於是目前兩倍的投資，只要有專門政策加以規範，讓這些科技孵化期獲得足夠成長空間，得以蓬勃發展，投資翻倍絕不是問題。」他癡癡等著大筆投資有一天會找上門來，金額之龐大足以顛覆人生，如同當初 WeWork 也因此瞬間聲名大噪一樣，但沒想到，最終反咬了他一口的正是那些募資活動。

二〇一九年，歐克凱才剛踏上美國土地，便立刻在機場被聯邦調查局以電匯詐騙的罪名逮捕。美國重機具製造商開拓重工（Caterpillar Inc.）的英國子公司 Unatrac 落入電郵詐騙陷阱，遭竊一千一百萬美元（約台幣三．三億元），而電郵採用假公司的名義，就是為了要愚弄大企業高層。歐克凱最終認罪。這種詐騙手法常見於奈及利亞幫派，通稱為四一九，取自該國刑法典規範相關犯罪的條文。奈及利亞犯罪學家歐魯戴尤．塔德（Oludayo Tade）在學術網路平台 Conversation 上寫道：「奈及利亞銀行業在不穩固的情況下，可能間接創造出一批無心工作的勞動人口。如果勞工必須在不穩定的環境中工作，一有風吹草動，便會受到波及。由於該國經濟衰退，逾兩千名銀行員失業，如今為數不少的臨時工卻受銀行雇用，擔任要職——種種因素交織所構成的正是滋生犯罪的溫床。」

然而，這些犯罪分子非但沒受到責難，反而獲得讚賞，比如小說家阿道比．翠西亞．努宛班尼（Adaobi Tricia Nwaubani）便形容奈及利亞的網路詐騙犯是該國「榜樣」。甚至不少經典歌曲都在歌頌這些雅虎男孩（Yahoo boy）的揮霍生活：從非洲節拍樂經典之歌的〈Yahooze〉乃至新浪潮風格的〈我是雅虎男孩嗎〉（Am I a Yahoo Boy），無一不是。後者是由奈拉·馬利（Naira Marley）所創作，這位流行歌手也因詐騙被捕。奈及利亞的詐騙文化可說是稀鬆平常，隨處可見。人人都曉得社會根本毫無公平可言，掌權者的腐敗程度更是惡名昭彰，到了無人不曉的地步，既然身處如此不公平的經濟環境，偷拐搶騙理所當然被視為公平手段。

奈及利亞詐騙產業興盛，連受過教育的年輕男性也在該業界打滾，其中有不少人聰明勤快，得以想出創新辦法來解決問題。這些人滿腦子只想著要致富，甚至有的拚了老命也在所不惜，原因很簡單——他們屬於全球經濟偏弱勢的南方國家。要是歐克凱當初擁有與WeWork創辦人同樣的機會，成功機率或許更高。兩人之間確實有不少共通點：不論是歐克凱還是諾伊曼，都精心規劃要如何打入達沃斯菁英圈，為了取得這項資格，無不細心編造出關於自己的神話；兩人同樣富有魅力，自然而然便能吸引眾人目光，相較於其他來自上流社會的競爭對手，也都具備非傳統的出身背景；他們不是扭曲，就是巧妙操縱自己的不利情報。然而，在這場高風險的蛇梯棋遊戲中，只有屈指可數的玩家能獲得獎賞，以歐克凱和他同胞的情況來說，這些年輕男子只因為出生在不對的家庭、不對的國家，生來擁有不對的膚色，儘管一心想成功，但比起往上爬，更多時候是碰上陷阱與障礙。

而要讓創投事業得以成功，勢必得募集資金，據統計，在英國獲得主要投資的人有九十二%

為男性，九成都是白人。[161]當說謊推銷遠比刻苦耐勞更能吸引超出預期的獎賞，身處這種經濟體系之下，誰有資格畫大餅做夢，不言而喻。這就是我的世代從過往經驗體悟到的事實，畢竟我們畢業後投身的勞動市場，正好介於兩大危機之間——二〇〇八年的金融海嘯以及二〇二〇以降的新冠疫情。銀行或許在二〇〇八年扮演著人人怪罪的典型反派角色，但自那之後，科技巨擘已逐漸步入其後塵，成為詐欺與扭曲金錢觀橫行的最常見來源。

要舉例的話，谷歌的犯罪紀錄可說是罄竹難書，能一路回溯超過十年以上。該公司早在二〇〇〇年代早期打造「街景服務」（Street View）時，便利用乍看之下是在拍攝街道與建築的車，暗中蒐集更多並未公開表明的資訊。這些街景車內建特殊天線，專門設計成可掃描當地無線網路，把利用不安全網路傳送的電郵、密碼、外遇對話、其他敏感資訊一網打盡。最終是德國的資料保護監管機構進行資料稽核後，才揭發這件事，而谷歌對此的回應是四兩撥千金，聲稱是某位調皮工程師所犯下的無心之過。[162]事後，多封電郵顯示這種說法是在誤導大眾。[163]根據那名工程師與上司的通訊紀錄，他十分清楚自己在做什麼，公司也心知肚明。[164]谷歌最後也因不配合調查而被罰款。[165]二〇一九年，有關當局開始大肆取締非法蒐集個人資訊的行為，谷歌又因為廣告違法，遭歐盟罰款一千四百九十億歐元（約台幣五．一兆元）。[166]

同樣在二〇一九年，谷歌旗下的YT涉嫌違反兒童隱私法，意即未經父母同意便蒐集十三歲以下孩童的個資，結果被美國聯邦貿易委員會處以破紀錄的一．七億美元（約台幣五十一億元）罰款。[167]谷歌拒絕承認自家主力的YT服務有一部分就是專攻兒少族群，同時卻又堂而皇之把年輕觀眾的注意力出賣給跨國企業。比方說，谷歌曾向芭比娃娃製造公司美泰兒（Mattel）表示：「比起收視率名列前茅的電視頻道，YT才是時下能吸引六到十一歲孩子目光的佼佼者。」[168]這些孩童看到的YT網紅，都是谷歌為了以全新方式壟斷市場所利用的代理人，轉賣的產品則是觀眾的注意力。

而谷歌在眼球經濟的霸主地位，只有臉書可與之匹敵。

---

161 https://sifted.eu/articles/uk-founders-socioeconomic-privilege/

162 https://www.ft.com/content/db664044-6f43-11df-9f43-00144feabdc0

163 https://www.theguardian.com/technology/2012/apr/30/google-street-view-breach-fcc

164 https://venturebeat.com/2012/04/28/fcc-google-street-view-data/

165 https://www.scribd.com/fullscreen/91652398

166 https://ec.europa.eu/commission/presscorner/detail/en/IP_19_1770

167 https://www.ftc.gov/news-events/press-releases/2019/09/google-youtube-will-pay-record-170-million-alleged-violations

168 同上。

近年來，臉書也同樣深陷醜聞之中。二〇一九年，該公司不得不付五十億美元（約台幣一千五百億元），與美國聯邦貿易委員會達成和解[169]，因為根據後者調查，臉書「利用有欺瞞之嫌的資訊揭露與設定」，並以安全為由，取得民眾的私人電話號碼，卻另作他用，投放個人化廣告。據稱，臉書也暗示臉部辨識功能是預設為不啟用，事實卻正好相反，使「數千萬名使用者」受騙上當。

由於臉書能緊抓眾人目光不放，因此成了主流媒體尋找新受眾時的重點對象。二〇一四到二〇一八年間，許多媒體企業開始將重心轉移到數位新聞，雇用一整個團隊，專門剪輯上傳至臉書的影片，因為影片只要登上臉書，觀看次數就會暴增。以我任職的英國《第四台新聞》（Channel 4 News）為例，再平凡無奇的故事，只要剪輯成臉書影片，觀看次數超過一億並非不可能。相較之下，在電視收看同一則新聞報導的觀眾人數，大概只會介於五十到九十萬。各家企業也開始撒更多錢，製作臉書影片。臉書當然看準各路人馬想吸引用戶的注意，鼓勵行銷人在自家平台買更多廣告，並以觸及率作為誘因，刺激陷入苦戰的各家媒體為平台貢獻更具價值的內容。

不過那些在臉書平台爆紅的影片，雖然達到驚人觀看次數，卻並非毫無疑異。根據二〇一八年廣告主提出的集體訴訟，臉書會把觀看次數膨脹到多達九倍。[170]演算法經修正後，觀看次數立刻暴跌。二〇一九年，臉書最終同意以四千萬美元（約台幣十二億元）與對方和解。[171]媒體公司原本雇用新團隊來製作新影片，目的是要利用臉書的觸及率，找到更多受眾，如今觀看次數的謊言被戳破了，這些團隊成員只能捲鋪蓋走人。

這些綁架大眾注意力的新巨擘不只擁有前所未有的強大權力，更在不過短短數十年間，讓無數人富可敵國，但與此同時，卻也採取違法手段，暗中監視每個人。科技巨頭無時無刻監控網路，密切注意我們的一舉一動，真正的目的始終如一：事先預測我們的想法，以便投放客製化廣告，將我們的注意力賣給出價最高的買家。科技業之繁盛，讓加州一舉躍升為全球第五大經濟體，總產值達三・一兆美元（約台幣九十三兆元）。[172]以加州為根據地的科技公司多如毛牛，與其一一細數，不如計算那些位於加州以外的西方主要社群平台，可能還來得更快。而總部位於加州灣區一小塊三角地帶的各大公司，財富的總和遠勝過許多主權國家。隨著荷包滿滿的員工紛紛湧入舊金山，身無分文的人只能無奈被迫離開當地。灣區成了這些百分之一有錢新鮮人的棲所，代價卻是全美數一數二高的遊民率，因為

---

169 https://www.ftc.gov/news-events/press-releases/2019/07/ftc-imposes-5-billion-penalty-sweeping-new-privacy-restrictions

170 https://www.theverge.com/2018/10/17/17989712/facebook-inaccurate-video-metrics-inflation-lawsuit

171 https://www.documentcloud.org/documents/6455498-Facebooksettlement.html

172 https://www.forbes.com/places/ca/?sh=19b792763fef

加州表面呈現出來的富裕奢華，其實是建立在一大群位居社會底層的隱形拉美移工身上。

科技巨擘或許比誰都還深諳賺錢之道，但如果這些公司持續廢除人力工作，卻不創造替代方案，反而皆以科技代勞，那我們其他這些人該何去何從？少數一群菁英畢業生和懂得將話術發揮得淋漓盡致的專家，加上對的口音，便足以競相爭取有錢投資人的青睞，或是謀得為數不多的人人稱羨工作，但能踏上這條成名致富之路的人極其有限，並非誰都有機會。儘管大家都深信有志者事竟成的道理，殘酷的真相卻是：身處當前的經濟環境，人一輩子的機運幾乎可說是全取決於自身境遇，到頭來都只能隨波逐流。因此選擇加入老鼠會，或是參與為了爭取眾人關注，而拚個你死我活的飢餓遊戲，早已成為一般Z世代最容易能迅速致富的管道了。千禧世代與青少年紛紛在YT、圖奇、IG、抖音，甚至推特，建立起自己的生活與身分，藉此吸引大眾目光、賺取收入或占人便宜，而且必要時，使出詐欺手段也在所不惜。如果說位於金字塔頂端的大企業都能靠詐欺賺錢，卻不必承擔後果，那也無怪乎這種向錢看齊的不負責任態度，會一點一滴滲透到奉行欺騙與虛構的現代資本主義經濟之中。若以上如實道出二〇一九年的普遍社會心態，新冠肺炎疫情爆發只是讓這股趨勢雪上加霜，放大問題，彰顯出強烈的個人主義究竟有多不堪一擊。

詐騙大流行

我在跨年時，只有一個原則——不是待在家裡，就是待在離家不到十五分鐘路程的地方。除夕期間，每家俱樂部都擠得水洩不通，簡直是噩夢；各大城市基本上道路全數封閉，我住的地方也不例外，因此只要坐上計程車，先不說車程要花三倍時間，車資早已上漲四倍之多。我二十多歲那幾年，都選擇在家辦跨年派對，而且說實話，幸好都辦得有聲有色，大家也樂於捧場。即便如此，原本只是想過「美好」一晚的壓力，卻被想過個「快樂」新年的壓力超車，而所謂的新年，已經逐漸由成不成功來定義。這股壓力在二〇一九年十二月三十一日更是益發明顯，因為跨完年要迎接的不單純是新年，還是全新的十年。

連對凡事無不抱持懷疑態度的人來說，二〇二〇年前夕也感覺是個好時機，可以好好揮別過去社會陷入對立、大環境變得不友善的十年。我的社群動態消息更是被瘋狂洗版，大家紛紛貼出充滿希望的梗圖，熱烈歡迎即將回歸的「咆哮的二〇年代」（Roaring Twenties），也不忘附上老樣子的「新年新希望」。每當跨年就必定會出現的陳腔濫調主題標籤 #2020Vision（#2020 願景），如雨後春筍般冒出，IG 上總計就有一百九十萬則標籤貼文，而附上 #2020Goals（#2020 目標）的有一百三十萬則。二〇二〇年在發音上的對稱，聽起來宛如建構某種概念的未來年分，或是某種政府異想天開的前瞻計畫，而不純粹只是幾個數字。這一年也讓年輕族群懷抱無窮希望。英國首相鮑里斯・強森（Boris Johnson）才走馬上任，便以充滿希望的訊息為二〇一九年劃下句點，保證未來將是「大英帝國精彩的一年，也將揭開非凡十年的序幕」。[173]

但到了二〇二〇年四月，年初那股樂觀氛圍彷彿是個惡意玩笑，因為這一年慢慢開始像二流反烏托邦驚悚片在各地真實上演。致命病毒席捲全球，截至二〇二一年三月為止，累計確診人數五千萬以上，全球死亡病例數則超過兩百七十萬[174]。而失去自由與生計的人更是高出這些數字：相當於全球半數人口的三十九億[175]，都因為政府指示人民必須待在室內，以防病毒傳播，不是被隔離，就是面臨封城宵禁，哪裡也去不了。[176]

在多數國家，餐旅業基本上一切停擺，店家暫不開放營業，連二〇二〇東京奧運等全球盛事也被迫取消。一夜之間，數百萬人落到有一餐沒一餐的窘境。從事地下經濟工作的勞工有二十億人，近八成都面臨失去收入的威脅，同樣可能丟工作的全職員工則有三億五百萬人。[177]我周圍就有不少人失業，加上因為英國政府願意補貼八成薪水給受疫情衝擊而被遣散的員工，連負責本書的編輯都被出版社暫時解雇，也就是變相留職停薪。

最初，為了嚴防致命流感病毒株散播，全球主要製造商的中國封城時，多數境外國家都認為事不關己，但隨著疫情以驚人速度蔓延全球，顯然世上任何角落的任何人都可能面臨極大患病風險。各國封鎖帶來的衝擊，等於是直接癱瘓整個經濟體系，破壞力更甚二〇〇八年的次貸危機。為了防止疫情擴散，基本上等同禁止居民外出社交的規定、銀行暫停營業、不開放國際觀光與公共空間、所有非必要產業皆停工，一連串措施所造成的嚴重後果，迫使各國政府不得不接管自家經濟，否則經濟一轉眼便會崩潰。英國政府除了推出變相留職停薪的補貼措施，也同意吸收各大企業的損失、直接替多個產業承保、提供各行業無利息的信用額度、延長貸款償還期限、勒令住宅市場停業、禁止房東驅趕房客，還開了張空白支票給國家健保局（National Health Service）。

其他已開發經濟體也紛紛祭出類似方案。加拿大甚至引進一套有實無名的無條件基本收入制度，美國共和黨也出乎意料考慮要在國內比照辦理。英國還為無收入者提高了統一福利救濟金（Universal Credit），儘管金額並不算多。二〇一九年英國大選期間，保守黨稱工黨競選政見提出的免費公共寬頻，簡直是「瘋狂的共產陰謀」。[178]數個月後，保守黨政府卻政策大轉彎，原因無非

---

173 https://news.sky.com/story/boris-johnson-promises-decade-of-prosperity-in-new-years-message-11898830

174 https://www.who.int/emergencies/diseases/novel-coronavirus-2019

175 https://www.economist.com/graphic-detail/2020/04/17/coronavirus-infections-have-peaked-in-much-of-the-rich-world

176 https://www.euronews.com/2020/04/02/coronavirus-in-europe-spain-s-death-toll-hits-10-000-after-record-950-new-deaths-in-24-hou

177 https://www.cnbc.com/2020/04/29/coronavirus-nearly-half-the-global-workforce-at-risk-of-losing-income.html

178 https://www.reuters.com/article/us-britain-election-bt-johnson/crazed-communist-scheme-pm-johnson-says-of-corbyns-plan-for-bt-idINKBN1XP1ER

就是眼下有太多民眾必須居家辦公，因此出於經濟上的迫切需求，政府不得不與網路供應商攜手合作，改善全國網路服務，並降低收費。政府接下整個經濟重擔的代價依然在增加當中，預計將高達數兆英鎊。

眾多緊急政策對經濟而言都是必要之舉。央行大砍利率，砍到基本等同於是零利率，以便刺激消費者需求，早已讓現金在市場上自由流通，但這麼做也導致央行彈盡援絕。而其他唯一能刺激需求的方法，便是真的給老百姓現金，大量注入到金融體系，全球許多政府也確實都採行此種政策措施。疫情爆發前，多數適齡工作人口若非自不量力背上高額房貸——英國房貸現今已超過一般人平均薪資的十倍——不然就得繳讓心淌血的高額房租。更年輕的千禧世代不只被學生貸款壓得喘不過氣，也比二十年前的同代賺得還少。

資本家投資的目的本應是要獲得高報酬，卻將數十億美元揮霍在 WeWork 等炒作過頭的企業上，導致不義之財都進了那百分之一有錢人的口袋裡，結果肥了富人，卻讓絕大多數的小老百姓無以為繼，難以承受這波疫情對財務造成的衝擊。新冠肺炎讓各大產業停擺後，再再突顯住宅與健保等人類維持基本生活之所需是多沒保障，而這全要歸咎於失靈市場的運作是靠貪慾而非需求的力量所驅使，才導致如今局面。疫情衝擊美國時，兩千七百五十萬人沒有健保[179]，預示該國經濟有很高機率將迎來末日般的慘況。

至於我，大學剛畢業便碰上金融海嘯的餘波，好不容易熬了十年，終於準備邁入中產階級的成年生活，結果就在我於倫敦出價買房，花了好幾千英鎊請人調查評估房屋，也付了仲介費和律師費後，住宅市場沒多久便因為疫情被迫停擺。我和伴侶很走運，在政府旋即宣布封城後，都還保有工作，只不過我妻子的薪水馬上被公司頒布的應對措施砍了，這可能還不是最糟的情況，所以我們毫無疑問是屬於幸運的少數族群。自英國政府宣布封城，短短一週內，便有將近一百萬人申請統一福利救濟金，而在全國五百萬名自雇者當中，許多都發現收入驟減至零。[180]對那些未滿四十歲的人而言，別說擁有資產了，歷經二〇〇八年的金融海嘯後，收入只能勉強餬口，結果經濟體系又再次拿他們開刀，給予痛擊。

儘管封城措施帶來各種不確定性，讓人難以預料未來，新冠肺炎實際上卻讓我們有了機會，可以好好檢討過往的生活與工作方式。回顧當初，這場疫情可說是由坐得起噴射客機的有錢人所擴散開來。歐洲疫情最初大爆發的地點是倫巴底（Lombardy）的滑雪度假村，離達沃斯菁英會面相聚之

---

179 https://www.census.gov/library/publications/2019/demo/p60-267.html

180 https://www.ons.gov.uk/employmentandlabourmarket/peopleinwork/employmentandemployeetypes/articles/coronavirusandselfemploymentintheuk/2020-04-24

處僅數小時的車程。但隨著各地一一淪陷，航班跟著停飛，開車外出減少，代表碳排放與其他有毒氣體驟減。新冠肺炎不利於資本主義，卻似乎對整個地球好處多多。疫情爆發前，個人的經濟生活向來取決於大家有多信任當前持續消費與生產過剩的體系，即便這表示人人都必須付出龐大的社會與環境代價。身處其中的我們則必須不斷消費，才能讓金融體系持續運作。新冠肺炎的出現讓人猝不及防——突然間，我們再也搞不清楚自己是不是走在正確的道路上了。

疫情也迫使我們不得不面對已開發經濟體下的無意義現代工作，以及個人主義的諸多極限。公共服務的重要性顯然不在話下，就連餐飲外送與清潔打掃等核心產業的低薪工作也無疑不可或缺，有些推崇快時尚的網紅甚至開始重新考慮，是否要繼續推銷多家汙染主要來源企業的便宜製品（但猶豫沒多久便放棄了）。但就算有些人對發出替來路不明品牌打廣告的不值一提貼文心懷愧疚，多數情況下，原本可以透過這些圖文不符貼文進帳的錢早已完全枯竭，想賺也賺不到。二〇二〇年第一季，各大品牌告知網紅，在第三季前都不打算花錢找人業配，不料真的到了那時候，疫情對整個社會造成的影響也依然瞬息萬變，難以預料。新冠肺炎累計的死亡人數之多，加上無法外出、行動受限，多出來的時間迫使每個人都開始思考自己想過上什麼生活，以及充斥在日常經濟活動中的各種詐欺手段。

就連大企業也開始反思起自家工作觀。二〇二〇年，推特宣布員工可以選擇「無限期」居家辦公[181]，起因是已開發經濟體的受雇員工有四成表示在家工作非常有效率。[182]不過究竟有多少人還有工作可言，仍有待觀察，恐怕得等疫情衝擊就業市場所帶來的影響真正反映在數字上才會知道。二〇二〇年四月，光是全球已開發經濟體組成的經濟合作暨發展組織（Organisation for Economic Cooperation and Development, OECD），失業人口就從一千八百萬增加到五千五百萬，這還是政府有出手干預的結果。[183]許多剛丟了工作的人紛紛轉戰線上社群。據網紅經紀公司「數位之聲」（Digital Voices）創辦人珍妮佛・奎格利瓊斯（Jennifer Quigley-Jones）所言，OF 等平台用戶人數呈指數成長，搜尋如何剪輯 YT 影片以及上網賺錢的人也不在少數。然而，網路上可不是每個機會都表裡如一，名符其實。

過去十年來，網路已經從千禧世代的救星，化身為金錢慾望的詛咒。偽裝成受雇工作的老鼠會之所以猖獗橫行，都得歸咎於龐大的致富壓力，逼得不少人走上歧途，尤其是年輕男性與藍領階級

---

181 https://www.bbc.co.uk/news/technology-52628119

182 https://ec.europa.eu/jrc/sites/jrcsh/files/jrc120945_policy_brief_-_covid_and_telework_final.pdf

183 https://www.oecd.org/newsroom/unemployment-rates-oecd-update-june-2020.htm#:~:text=09%2F06%2F2020%20%2D%20The,to%2055%20million%20in%20April.

的少數族裔。只要上網，放眼所見全是遙不可及的財富及各種奢侈品，也為年輕人與青少年帶來無形壓力，一心想跟上同儕的腳步。花越多時間滑 IG，你越會相信自己沒有成名致富，就等於是失敗得一塌糊塗，必須賺進大把鈔票才能證明自己——簡直是為年輕人與青少年譜寫專屬配樂的嘻哈文化，經常自吹自擂的老生常談。新冠疫情造成各大產業停擺，間接反映出能否成功，多半取決於人所無法掌控的因素，例如出生地、出生年代、雙親背景，比起再怎麼厲害的個人推銷功力，也就是無數商業教練與自學理財大師在線上教會心懷抱負人士的祕訣，前述條件的影響力依然強大得多。

從網紅文化的角度來看，新冠肺炎危機的諷刺之處在於，就記憶所及，再也沒有哪個事件規模龐大到曾經讓比現在還要多人蜂擁上網。而有辦法上網的人，開始利用數位工具居家辦公，將所有社交活動全數轉移至各種應用程式，例如視訊社交平台 Houseparty、Clubhouse、Zoom。連我母親也加入了這些人的行列。先前從未在網路上建立數位分身的她，註冊了 IG 帳號，以便在教會被迫不對外開放的期間，與其他教友保持聯繫。在疫情衝擊之下，最大的贏家當然還是那些社群媒體公司，營收紛紛創新高。不過，社群媒體雖然從我們身上占據了更多注意力，我們耗在上面、遲遲無法下線的時間，卻顯示出它依然有其極限，不只不足以提供真正的謀生之道，也反映了網路生活有多不健康。隨著疫苗施打，有望回歸正常生活，我們必須自問什麼才是所謂的美好生活，什麼樣的經濟體系才能盡可能為大多數人帶來幸福與安全感。只要找不出答案，加上置身於無法確保收入穩定的環境，看重個人財富與奇才一夜成名的價值觀，將會繼續與社群媒體平台通力合作，獎勵詐欺的不實行為。

而在疫情造成百業缺工停擺的期間，有些手腳快、腦筋也轉得快的數位追夢者發現，要將美夢販賣給大眾更加輕而易舉。我的 IG 動態消息處處充斥著微網紅名不符實的貼文，氾濫程度更甚以往。他們會打著求助的名號，實則宣傳可疑的致富之道，不然就是分享推銷梗圖，告訴粉絲「假如隔離結束後，你們沒有多學會一技之長、解鎖副業、吸收更多新知，那可不能拿沒時間當藉口——你們真正欠缺的是紀律。」在網絡行銷公司 IM 大師學院裡，也有位年輕女子正一路慢慢往上爬，同時上傳了以下貼文：

隔離兩週？居家辦公？何不另闢生財之道，賺點外快呢？想學會一技之長，從最大的金融市場分一杯羹，沒有比現在更好的時機了……

這段訊息最後以詳情請見連結收尾，並附上人畜無害的動圖，打上了「隔離並放鬆點」（Quarantine & Chill）。隨著一般人對工作的不安全感提高，加上危險工作日益增多，遲早都會有人伸手點進「了解更多」的連結，落入陷阱卻不自知。

底層網紅

Get Rich or Lie Trying

時尚、金錢、性、暴力……社群慾望建構的最強龐氏騙局！

作者	希米恩・布朗 (Symeon Brown)
譯者	盧思綸、王婉卉
主編	周國渝
封面設計	張巖
內頁設計	周昀叡
行銷企劃	洪于茹

出版者	寫樂文化有限公司
創辦人	韓嵩齡、詹仁雄
發行人兼總編輯	韓嵩齡
發行業務	蕭星貞
發行地址	106 台北市大安區光復南路 202 號 10 樓之 5
電話	(02) 6617-5759
傳真	(02) 2772-2651
讀者服務信箱	soulerbook@gmail.com
總經銷	時報文化出版企業股份有限公司
公司地址	台北市和平西路三段 240 號 5 樓
電話	(02) 2306-6600

第一版 第一刷 2023 年 7 月 25 日
ISBN | 978-626-96881-8-0

國家圖書館出版品預行編目 (CIP) 資料

底層網紅／希米恩 · 布朗 (Symeon Brown) 著 | 王婉卉 , 盧思綸 譯
第一版 | 臺北市 : 寫樂文化有限公司 , 2023.07
面 | 公分 | (我的檔案夾 ; 70) | 譯自 : Get rich or lie trying
ISBN 978-626-96881-8-0 (平裝)

---

496 112010430

1.CST: 網路社群 2.CST: 網路媒體 3.CST: 網路行銷 4.CST: 網路經濟學